高上振
고　상　진

免揉麵包教室

只要掌握攪拌、折疊、發酵三步驟，在家也能輕鬆做出健康美味麵包

—— 高上振 著　樊姍姍 譯 ——

如何輕鬆做出美味的麵包呢？

這本書就是為了解答這個問題而誕生的。因為我很了解，大家就算想要親自挑戰製作麵包，也會覺得無法輕易開始。

麵包與蛋糕、餅乾不同的地方，就是製作麵團時需要花費很多力氣，揉整麵團的過程中所發出的噪音，也會對周遭帶來困擾。我看過許多人想為了孩子親手製作麵包，著手進行後卻在挑戰過程中打消念頭。

一開始我也是從家裡揉整麵團開始踏入烘焙領域。雖然現在已經受過訓練，然而當初也曾在二十分鐘內連續用力揉捏麵團 200 ～ 300 次，導致肌肉關節疼痛，小小年紀就經常要貼酸痛藥布。

製作麵包就像這樣，沒有一定程度的決心無法輕易完成。發酵過程也是，必須要耐心等待麵團充分發酵，這個過程對製作麵包的入門者來說也不簡單。我也是從沒有專業道具和裝備的狀態開始從事家庭烘焙，所以比誰都還要了解，在家中如果沒有專業道具的話，製作麵包是很困難的。

因此，為了無法備置專門烘焙器材的讀者，我在這本書中盡可能詳盡說明如何適當使用酵母，並在家中輕鬆製作麵包、發酵蛋糕及餅乾的方法。

這本書不同於一般免揉麵包書籍，書中介紹了輕麵包、甜麵包、發酵蛋糕及餅乾等各種活用發酵方法的烘焙製品，還有製作更好吃的麵包時所使用的天然酵母及做法。就算沒有昂貴的攪拌機，透過使用少量酵母及長時間熟成，讓麵粉產生麩質蛋白，大家在家中也可以輕鬆享受更香更好吃的高品質麵包。

擔心發酵時間太長嗎？只要跟著這本書照做，漫長的發酵時間也不再是問題。

事實上，不揉捏麵團勢必會延長發酵時間，但是只要在就寢前將所有食材放入盆中攪拌，折疊幾次後放入冰箱發酵即可。如此便無須等待，隔天早上起床後就可以烤出新鮮的麵包當早餐。現在也請各位試著在家中烤出新鮮的麵包吧！

希望透過這本書，可以讓更多人破除「覺得製作麵包很困難」的偏見，使家庭烘焙的文化更加活躍。

作者 高上振

Contents

序・2

basic

提升便利性的烘焙必備基本食材・6

烘焙的第一步：準備道具・8

以自然的速度製作免揉麵包・10

製作發酵麵包的基本步驟：製作與折疊麵團・12

使麵包更好吃的麵種・14

麵包的健康變身：製作天然酵母・16

挑選決定麵包風味的好烤箱・18

chapter 1

基本麵包&甜麵包

基本麵包的製作入門・22

小餐包・26

煉乳奶油麵包・28

香腸麵包・31

紅茶蘋果麵包・34

鮮奶油紅豆麵包・38

肉桂卷・42

柚子奶油乳酪麵包・46

麻糬麵包・48

全麥酥菠蘿麵包・52

維也納奶油麵包・54

椰香香蘭烤餅・58

香橙巧克力麵包・60

土司・62

綠茶紅豆土司・66

乳酪土司・68

鹽花卷・70

營養黑豆麵包・72

chapter 2

輕麵包&健康麵包

健康麵包的製作入門・76

輕黑麥麵包・80

法國長棍麵包・84

南瓜麵包・88

番茄鮮菇佛卡夏・92

土耳其麵包・94

地瓜蜂蜜奶油麵包・96

葡萄乾法國鄉村麵包・100

法國鄉村麵包・102

果乾堅果長棍麵包・104

百分之百全麥麵包・106

無花果黑麥麵包・109

蔓越莓核桃麵包・112

雜糧麵包・114

艾草紅豆奶油麵包・116

橄欖巧巴達・120

巧克力麵包・122

菠菜麵包・124

小麥草柿餅麵包・126

chapter 3

發酵蛋糕

發酵蛋糕的製作入門 · *130*

原味發酵蛋糕 · *134*

香蕉核桃蛋糕 · *136*

胡蘿蔔蛋糕 · *138*

綠茶紅豆蛋糕 · *140*

火腿蔬菜蛋糕 · *142*

地瓜蛋糕 · *144*

蘋果蛋糕 · *146*

椰香蔓越莓蛋糕 · *148*

無花果全麥蛋糕 · *150*

果乾蛋糕 · *152*

黑芝麻豆腐蛋糕 · *154*

橄欖蛋糕 · *156*

甜菜檸檬蛋糕 · *158*

咖啡堅果蛋糕 · *160*

藍莓蛋糕 · *162*

柚子罌粟籽蛋糕 · *164*

西梅豆漿蛋糕 · *166*

香橙黑麥蛋糕 · *168*

木薯蛋糕 · *170*

chapter 4

發酵餅乾

發酵餅乾的製作入門 · *174*

胡桃比斯考提 · *176*

黑麥堅果餅乾 · *178*

伯爵茶餅乾 · *180*

檸檬餅乾 · *182*

巧克力碎片餅乾 · *184*

綠茶果仁蜜餅 · *186*

杏仁瓦片 · *188*

Plus Tip

根據天氣使用酵母 · *27*

使用平底鍋烤麵包的注意事項 · *33*

製作紅豆餡 · *41*

製作手工麻糬 · *51*

如何烤出好吃的土司 · *65*

製作麵包的一日行程 · *111*

提升便利性的烘焙必備基本食材

烘焙時除了麵粉以外還需要奶油、雞蛋等各種食材。特別是免揉麵包和類似的健康麵包，需要使用許多其他烘焙時不常使用的陌生食材。事先了解製作麵包時常用的食材，就能做出更好吃的麵包。

麵 粉

根據麩質蛋白含量不同，分為高筋麵粉、中筋麵粉、低筋麵粉。麩質蛋白含量高的高筋麵粉用於製作麵包，麩質蛋白含量低的低筋麵粉用於製作餅乾或蛋糕，中筋麵粉則廣泛使用於一般的麵粉料理中。本書中介紹的食譜不需揉製麵團，因此主要使用高筋麵粉。想追求柔軟口感也可以混合其他麵粉。

全 麥 麵 粉

使用未去麩皮的整粒小麥直接研磨而製成。纖維質、礦物質與維他命等成分含量較一般麵粉豐富。使用全麥麵粉製作的麵包營養更完整，麥香也更為濃郁。

黑 麥 麵 粉

製作健康麵包時經常使用的食材。纖維質、維他命與礦物質較麵粉豐富。黑麥麵粉用得愈多，製作出來的麵包顏色愈深，不僅不易膨脹又不易烤熟，需要使用酸麵種發酵，才能彌補黑麥麵粉的缺點。

雜 糧 穀 粉 （Multigrain）

混合了豆子、黑麥、燕麥、全麥、大麥、麥芽等各種穀物製作而成的穀粉。使用雜糧穀粉製作的麵包呈深褐色，同時因為混合了多種穀物而帶有濃郁的穀香。以雜糧穀粉製作麵包時，建議用量為麵粉的 10 ～ 40% 左右。

乾 燥 綜 合 香 草

混合了大蒜、洋蔥、羅勒、巴西里、百里香、迷迭香、奧勒岡葉、黑胡椒、紅椒的一種義大利香辛料。使用在麵包中可增添風味。也可使用新鮮羅勒或迷迭香替代。容易在市面上購得。

葵 花 籽

口感香脆，烘焙時經常使用。葵花籽的植物固醇可以防止膽固醇堆積，具有清潔血管的功能。在平底鍋中略炒過再使用，更能帶出馥郁香氣。

核桃

廣泛運用在麵包、餅乾和蛋糕中，用於點綴或當作內餡。富含亞麻仁油酸和維生素 E，預防血管疾病和防止老化的效果卓越。核桃容易腐壞，以容器密封放在冷凍庫保管可延長保存時間。

水 果 乾 （蔓越莓、藍莓、無花果）

乾燥的藍莓、蔓越莓、無花果和葡萄等水果，風味佳且容易保存，因此烘焙時經常使用。可以增添麵包酸甜口感且補充維他命、纖維質等營養，很適合做出健康的麵包。水果乾須先浸泡在蘭姆酒或水中吸飽水分後再使用，口感才好。

綜 合 果 皮 （Mixed Peel）

將檸檬、柑橘、櫻桃等水果切碎乾燥後以砂糖醃漬而成。口感香甜色彩繽紛，廣泛使用在烘焙中。製作潘娜朵尼（Panettone）、史多倫（Stollen）及水果麵包時的必備食材。

酵 母

用於麵團中，使麵包膨脹的一種微生物。分為新鮮酵母和乾燥酵母兩種，新鮮酵母的風味和效果都很好，但使用上較不方便；乾燥酵母可以直接加入麵團中，使用便利。以容器密封後置於陰涼處保存。

香 草 精

帶有香草香氣的濃縮液，香氣和色澤濃郁，只須少量添加即能達到效果。有助於消除雞蛋腥味，增添甜美柔和的香氣。香草精容易揮發，所以主要用在奶油或須冷卻食用的餅乾和蛋糕中。

橄 欖 油

橄欖油可分為精製的純淨橄欖油（Pure Olive Oil）以及直接壓榨橄欖果實製作而成的特級初榨橄欖油（Extra Virgin Olive Oil）。用於麵包時，主要是為了取橄欖油的香氣，故使用特級初榨橄欖油。若不太喜歡橄欖油特有的香氣，可改用純淨橄欖油或其他油品。

芥 花 油

萃取自芥花籽的油品，沒有特殊氣味，用途廣泛。油脂會弱化麩質蛋白的形成，使麵包口感更加濕潤柔軟。可使用玉米油或大豆油取代芥花油。

煉 乳

濃縮牛奶製作而成，用於麵包可增添風味。有無糖煉乳和加糖煉乳兩種選擇，市面上販售的煉乳大部分是加糖煉乳，約含有 40% 左右的砂糖。使用煉乳時，務必要計算麵包的砂糖用量，千萬不要添加太多糖導致延緩發酵。

烘焙的第一步：準備道具

備好道具就能讓製作麵包變得容易又簡單。請事先了解免揉麵包使用的各種烘焙道具與特徵，即可在需要時適當運用。

量匙、量杯

為了正確計量所準備的基本烘焙道具。量匙有一大匙（15 毫升）、一小匙（5 毫升）、1/2 小匙（2.5 毫升）等小量單位，而量杯則用於計量較大的單位。一杯量杯為 200 毫升，建議使用可以直接看到刻度的透明量杯。

磅秤

可分為電子磅秤和指針式磅秤。烘焙時需要隨時測量食材和麵團的重量，建議使用電子磅秤較為便利。購買磅秤時，挑選最小單位為 1 公克，最大可測量至 3 公斤的磅秤。

溫度計

用於測量食材溫度及維持發酵溫度。請準備具有細長探針的數位溫度計，以便在測量麵團溫度時可以深入麵團內部測量。

計時器

有助於在麵團發酵或是烘烤麵包時精準確認時間。可分為數位計時器與類比計時器兩種。在同一個烤箱同時烘烤兩種麵包時使用計時器相當方便。

攪拌盆

混合食材和攪拌麵團時相當有用。建議選擇便於加熱或冷卻的不鏽鋼製品。深且廣的大型攪拌盆較容易使用，準備幾個尺寸不同的攪拌盆較方便作業。

篩子

大部分用在麵團中的粉類都須事先過篩，這使顆粒不僅變得更細，粉粒之間存在的空氣也會讓成品變得更蓬鬆。篩子也用於混合多種食材。尺寸相當小的迷你篩子則用於將糖粉等食材灑在麵包上裝飾。

矽膠刮刀

用於均勻混合食材及徹底刮除粘附在攪拌盆上的麵糊。矽膠刮刀在高溫下也可安心使用。小型矽膠刮刀拿來製作醬汁時相當便利。

毛刷

可塗抹蛋液在麵包上或刷落粘附在麵團上的麵粉等粉類食材。也可在烤盤或模具上塗抹融化的奶油或食用油，以防止麵糊粘黏。矽膠刷的刷毛不會脫落，容易清洗和保養。

打蛋器

用於混合食材、打蛋或把奶油打成乳霜狀。打蛋等需要把空氣打進食材的步驟，請選擇攪拌條排列緊密的大型打蛋器；混合食材時選擇攪拌條稀疏的小型打蛋器。使用電動打蛋器會更加便利。

擀麵棍

用來擀平或延展麵團。選擇表面光滑，直徑約為 3 ～ 4 公分的擀麵棍。雖然市面上有塑膠製的擀麵棍，但一般較常使用木製擀麵棍。木製的擀麵棍使用後一定要待水分完全乾燥後才能收起來保管。

麵團割紋刀

在麵團上割出刀痕的工具。刀刃薄且具有角度，因此能割出自然的花紋。可以在販售烘焙用品的店家購得，若沒有割紋刀也可使用刀刃有鋸齒的水果刀。

刮板

將麵團分割成數小塊或收整成一大塊，也可切割做餅乾的麵團，塑形麵包時也是不可或缺的工具，用途廣泛且便利。另外也可用於切割或是壓碎堅硬的奶油。市面上有塑膠製和金屬製刮板，款式相當多樣。

帆布

麵團發酵或製作法國長棍麵包時，厚重的帆布用於覆蓋在麵團上防止麵團太乾。使用後將麵粉清除乾淨放置於乾燥處保管。

土司模具、磅蛋糕模具

用於製作土司或磅蛋糕的模具。先塗抹奶油或橄欖油後再放入麵團，烘烤完可使脫模過程更順利。帶有不沾塗層的模具不需要另外塗抹油脂。烘烤正方形土司時須使用有蓋的土司模具。本書主要使用16×7.5×6.5 公分的磅蛋糕模具以及21.5×9.5×9.5 公分的土司模具。

瑪芬模具

和土司模具相同，必須先塗抹奶油或橄欖油後再放入麵團，烘烤後脫模過程才會順利。使用紙製瑪芬模具時不需要另外塗抹油脂。烘烤好的瑪芬也可以直接當作禮物送人，相當方便。造型和尺寸擁有多種選擇。

以自然的速度製作免揉麵包

隨著家用烤箱的普及，在家烘焙的人數也增加了。但因為製作麵團的過程太過辛苦，有些人嘗試一兩次便放棄。免揉麵包省去了製作麵團的費力過程，取而代之的是利用天然發酵法，製作對身體有益的健康麵包。製作過程簡單不複雜，初學者也可以輕鬆跟著做。

什麼是免揉麵包？

即使在家親手做餅乾或蛋糕的人數增加了，在家烘焙對大多數人來說依舊感到困難又陌生。製作麵包時，麵團必須揉得徹底，做出來的麵包才會柔軟好吃，然而在家卻不容易揉整麵團。麵包柔軟的關鍵是麩質蛋白。為了產生麩質蛋白，必須充分結合麵粉中的麥穀蛋白（glutenin）和麥膠蛋白（gliadin）。揉麵才能讓麥穀蛋白和麥膠蛋白結合在一起，這過程需要不斷揉捏麵團 150～200 次才算完成。揉捏麵團的時間隨麵團種類不同而定，一般來說是個需要 20～30 分鐘的繁瑣過程。若是為了少數幾次的烘焙而購置昂貴的揉麵機，也是一筆經濟上的負擔。

然而，並不一定要使用揉麵機才能揉出麩質蛋白。古人使用的免揉製法也能夠做出柔軟蓬鬆的麵包。只要充分了解麵團的特性，使用水合法——花時間讓材料和水充分混合的作法——也能夠輕鬆讓麵團發酵。本書介紹的食譜省略了辛苦的揉麵過程，只需要一支刮刀，在家裡就能簡單操作，不需要特地購買昂貴的揉麵機來縮短揉麵的時間。只要在睡前，使用刮刀充分混合材料，經過醒麵、摺疊過程後放入冰箱低溫熟成，隔天早上再放入烤箱烘烤後，就可以輕鬆享受熱騰騰的麵包。

免揉製法的麵團沒有經過機器的力量強力揉捏，反而花了充分的時間讓麵團自然形成麩質蛋白，所以免揉麵包和市面上的麵包相比，麩質結構更鬆散，對吃的人來說也更好消化和吸收。另外，長時間的熟成也讓麵包的風味和香氣更加完美。

免揉麵包的特徵

免揉麵包除了不需要揉麵之外，還有其他優點。事先熟知免揉麵包的特徵更能增加製作麵包的樂趣。

1. 不須揉麵即可輕鬆製作的麵包

不須雙手揉整麵團超過 150 ～ 200 次，也不須購買不常使用的揉麵機，只要一支刮刀就能輕鬆製作麵包。完全不須費力，只要使用刮刀攪拌均勻即可。

2. 有益身體健康的麵包

和市售麵包相比，免揉麵包食用後不會腹脹，非常容易消化。因為免揉麵包在製作過程中經長時間充分發酵，當麩質蛋白形成後，又會在發酵過程中分解掉一點。一般我們食用的麵包，大多使用揉麵機高速形成大量麩質蛋白，麵包體積雖然可以膨脹得很大，卻不易消化。免揉麵包經長時間自然形成麩質蛋白，大大減少了對身體的負擔。

3. 一出爐就能趁熱享用的麵包

前一天晚上攪拌好的麵團放入冰箱低溫熟成，隔天早上只要捏整形狀就能烘烤，出爐即可享用，讓我們在家裡也能享受像是麵包店販售的柔軟麵包。

4. 好吃又香氣四溢的麵包

免揉麵包發酵時間長，使麵團充分進行水合作用，酵母可以順利發酵。完整的發酵過程決定了麵包的風味與香氣。因此，免揉麵包的滋味比市售麵包來得更好，是一大優點。

製作發酵麵包的基本步驟：
折疊麵團

製作免揉麵包時，雖然不需機器揉整麵團，但還是得透過折疊的方式，讓麵團變得光滑，並促進麩質蛋白形成。掌握好「拉扯折疊」的步驟，就能做出充滿彈性的麵團。

製作光滑又充滿彈性的麵團：不可少的折疊步驟

麵粉中含有麩質蛋白，然而麵粉在自然狀態下不會自主形成麩質蛋白，必須將不溶於水的不溶性蛋白質（insoluble protein）「麥膠蛋白（gliadin）」和「麥穀蛋白（glutenin）」氧化還原形成雙硫鍵，才能使麵團產生彈性，揉整麵團即在促進此過程。但麵團即便沒有經過揉整，只要長時間靜置就會自然形成麩質蛋白。所以，不須使用昂貴的揉麵機，只要用刮刀將麵粉和水攪拌後，將麵團放在 18℃的環境中 12 ～ 18 小時，透過發酵和水合作用，就可形成麩質蛋白，接著即可輕鬆製作麵包。

使用的天然酵母或麵團水份愈多，就愈容易形成麩質蛋白。天然酵母所含的乳酸菌會增加酸度，並縮短麵團製作的時間；水分愈多，則愈容易讓麵粉的分子移動，促進麩質蛋白結合。然而，若添加太多水分，會使麵團過稀，造成麩質蛋白不易形成。

雖然揉麵機能在數十分鐘內結束揉麵過程，但是製作健康麵包時若稍微不慎，就可能流失風味，結果也不見得好。家中若沒有攪拌機，使用折疊法能縮短揉麵時間並做出柔軟的麵包。折疊法是另外一種流傳已久的麵包製作方法，烘焙師會在麵粉狀態不佳或沒有攪拌機時使用此法。雖然水和麵粉攪拌後靜置不動便會產生水合作用，但若在過程中反覆拉扯、摺疊麵團，便能以物理的力量加速麩質蛋白形成。

將麵粉加入水中以刮刀攪拌至看不見麵粉顆粒為止，以保鮮膜覆蓋靜置 15 分鐘，麵團會開始形成光澤及黏性。這時以 90°為單位旋轉攪拌盆，重複拉扯並折疊麵團 8 次。以 15 ～ 20 分為間距重複此過程 4 ～ 5 次，即使不使用揉麵機也可以做出光滑且充滿彈性的麵團。

折疊次數與發酵時間

＊所有折疊動作若不包含發酵過程的話，皆在室溫下進行

室溫 18℃時不須折疊，傍晚將麵團攪拌好，隔天早上將麵團塑形後即可烘烤。若想在早上烘烤麵包但室溫較高時，將麵團在室溫下以 15 分鐘為間距折疊 4 次後放入冰箱，隔天早上將麵團取出分割後，進行中途發酵。先讓麵團溫度升至 18℃，接著將麵團塑形後即可烘烤。若想要馬上就烤麵包吃，先將麵團折疊 5 次放在室溫下發酵 30 ～ 60 分鐘，等麵團體積膨脹至兩倍大時就可以馬上烘烤。

若時間充裕，將麵團折疊 4 次放入冰箱長時間低溫熟成，這是製作出最佳風味的方法。

使麵包更好吃的麵種

愈用心做的麵包就愈好吃。即便是相同的食譜，增加酵母用量、以高速製作的麵團並在短時間內做出來的麵包，跟經過長時間數次發酵、用心做出來的麵包，兩者之間肯定會有差異。受大眾喜愛的麵包店，大多會針對麵包的特性使用適合的麵種。一起來認識這些跟天然酵母效果一樣好的麵種！它們又有什麼特徵？

法國老麵種Pâte Fermentée

切割麵團時若有多餘的麵團，不要丟棄，以保鮮膜包起來放進冰箱保存。老麵在冷藏的狀態下可以保存三天。使用老麵時的用量為整體麵粉的 5 ～ 15%。酸性老麵可以縮短發酵的時間，提升麵團的風味和口感。但若使用保存時間超過三天的老麵，麵包的風味會劣化，並且會因為酵素過度分泌而使口感變差。

老麵一定要用在相同的麵團中。沒有添加任何多餘食材的老麵，雖然可以用在甜麵包等其他麵包中，但是甜麵包或已添加其他餡料而製成的老麵，卻不能用於製作健康麵包。使用老麵製作麵包時，要在放入食鹽前，先以水充分溶化老麵後再使用，麵團才容易均勻攪拌。一旦放入食鹽，麩質蛋白就會凝固，不易溶解。

波蘭液種 Poolish

少量酵母和水攪拌後，將水和麵粉以 1:1 的比例混合，這種麵種的製作方法從波蘭開始向外傳播，因此被稱為波蘭液種。酵母的使用量一般以生酵母為基準，為整體重量的 0.05 ～ 0.5%。若要長時間發酵，用量則為 0.08%，並須在 23℃ 的環境下發酵 18 個小時後再使用。短時間發酵時，酵母的用量則可再提高至 1%。這是十九世紀某個珍惜昂貴酵母和食材的麵包師傅所使用的方法，主要用在製作法國長棍麵包等健康麵包時效果較好。水分較多時，易生成豐富乳酸菌，同時因為發酵而充分產生酵素作用，不僅縮短製作麵團的時間，且麵團的延展性更佳，風味和操作性都更好。

使用波蘭液種製作麵包，必須先以食譜麵粉總量的 30 ～ 33% 製作麵種，再加上 10 ～ 50% 的麵粉預先發酵。舉例來說，使用 250 公克的高筋麵粉製作麵包時，先以 85 公克的水溶解 20% 的酵母，再混合 85 公克的高筋麵粉，並在 23℃ 下熟成 12 ～ 18 小時後，以水溶解波蘭液種，再混合剩下的麵粉製作麵團即可。

義大利硬種 Biga

一種相當堅硬的麵種，水的份量只佔麵粉的 50 ～ 55%，大部分是義大利人在使用。因為水分不多，所以可以抑制酵素過度作用。同時又因為異型（hetero）乳酸菌的緣故，此一發酵法會產生較多醋酸，讓柔弱的麵粉產生份量感。然而這種方法製作的麵種較堅硬，因此不適用於本書。

水合法 Autolyse

主要用於製作健康麵包的麵種做法，只要混合麵粉和水靜置 20 ～ 60 分鐘後，放入酵母、食鹽及其他食材即可製作麵種。由法國的雷蒙・卡維爾教授（Raymond Calvel）所開發。麵粉和水充分進行水合作用後會生成麩質蛋白，因為麵粉中的酵素作用使麵團具有良好的延展性，不僅縮短製作麵團的時間，還可維持麵粉原始的風味。若先放入食鹽會使麩質蛋白收縮，抑制麩質蛋白形成，而先放入酵母則會在水合期間發生不必要的發酵。本書為了簡化作業程序，使用了混合所有食材的製作方法，但是一般來說會使用下列方式製作。

免揉麵包製作方法參考查德・羅柏遜（Chad Robertson）的《塔汀麵包》（Tartine Bread）或是肯・福基許（Ken Forkish）的水合法。先將麵粉和水混合後靜置 20 分鐘，放入酵母充分攪拌，最後放入食鹽攪拌並折疊麵團。需要特別留意的是，食鹽若沒有按照順序放入會使麵團無法充分混合。

麵包的健康變身：製作天然酵母

最近幾年，隨著大眾對健康關注程度的提升，使用天然酵母取代一般酵母，讓麵團充分發酵後製作而成的天然發酵麵包，人氣也跟著水漲船高。製作天然發酵麵包時，天然酵母的角色最重要。天然酵母可以用穀物、蔬菜、水果、香草、植物等各種素材製作。以下我將介紹對健康有益，又可使麵包風味更豐富的天然酵母。

天然酵母的製作入門

不管製作什麼麵包，都可以用天然酵母取代一般酵母。至於製作蛋糕的話，必須減少牛奶用量，並用食譜所需要的麵粉用量 20% 液種取代一般酵母，使麵團發酵。製作基本麵包、健康麵包時則使用麵粉用量 10 ～ 15% 的液種使麵團發酵即可。

液種本身的發酵效果較弱，所以要在室溫下慢慢發酵。若要同時使用一般酵母和天然酵母，將 100 公克麵粉放入 100 公克液種中，並在 24℃的環境下發酵 12 ～ 18 小時，直到麵團體積膨脹成四倍大之後放入冰箱保存。製作麵包時，使用麵粉用量 10 ～ 20% 的天然酵母即可提升麵包的風味。一次製作完成的液種可以在冰箱保存一週左右。

適合各種麵包的蘋果天然酵母製作法

食材：蘋果 100 公克，水 250 毫升，有機砂糖 2 大匙

製作方法：

1   **瓶身殺菌**　將玻璃瓶浸泡在沸水中殺菌。

2   **處理蘋果**　蘋果連皮切成小塊後裝進玻璃瓶中。

3   **放入水、砂糖**　均勻攪拌後覆上蓋子，不要旋緊。

4   **發酵**　持續 1 ～ 2 天，每天將蘋果上下攪拌一次使蘋果表面保持濕潤。到了第 4 ～ 5 天時，天然酵母會變得混濁，酒精、香氣和氣泡紛紛出現，一旦開始形成白色沉澱物就可以過濾，使用時僅使用液體部分。

1   2   3

4

5　**保存**　發酵結束後，將蘋果撈出後冷藏保存。若置於常溫中保存會持續發酵，引起
　　酵母自我消化，並且生長出醋酸菌，帶來酸味。放在冰箱中可保存一個月左右，每
　　週打開 1 ～ 2 次添加 1 小匙砂糖即可。蘋果要連皮一起使用，所以建議使用有機或
　　是無農藥蘋果。

挑選決定麵包風味的好烤箱

想要做出好吃的麵包，首先要挑選適合自己的烤箱，找出烤箱的正確溫度也相當重要。烤箱溫度如果太高，麵包容易烤焦，如果溫度太低，麵包則無法徹底烤熟，或無法烤出優美色澤。熟知並理解調整烤箱溫度的方法、烤箱種類、烤箱用語，距離做出美味麵包的目標就更近了。

調整烤箱溫度

從低溫開始慢慢調整烤箱溫度是最好的方法。以高溫短時間烘烤麵包時，水分蒸發量較少，麵包會變得溼軟；以低溫長時間烘烤麵包時，水分蒸發量多，麵包會變得乾硬。這時要一點一點調高溫度，找出適當的時間和溫度。

其中一項祕訣是根據麵包體積調整溫度。麵包體積小時，要以高溫短時間烘烤；麵包體積大時，要以低溫烘烤使熱度均勻傳導至麵包中心。麵包烘烤過程中若發現顏色不太容易變深時，要漸漸提高溫度並同時確認顏色；若是顏色變深的速度比預期快，則要在麵包上方鋪上一層烘焙紙降低溫度以免麵包烤焦。若是底部的顏色過深或是家裡的烤箱底部火力較強時，在烤盤下面再墊一層烤盤即可。

烤箱的種類

烤箱大致可分為電烤箱和瓦斯烤箱兩大種類。最近主要使用的種類是電烤箱。

電烤箱有透過上下電子加熱器加熱，並以自然產生對流進行烘烤的一般烤箱（deck oven），還有在加熱器外附上強力風扇，強制吹入空氣後均勻傳導熱氣的對流式烤箱（convection oven）。對流式烤箱透過強制送風烘烤，優點是溫度均勻並且可以在短時間內完成烘烤，但是這種烤箱的價格高昂，而且強熱風容易使麵包變得乾燥。

一般家庭不是用對流式烤箱，因此無法分別調節上下火的溫度，熱量也較弱，所以不容易烤好麵包，但只要知道一些小祕訣，就可盡情烤出美味的麵包。

烤出美味麵包的烤箱使用祕訣

充分預熱　若沒有充分預熱就烘烤麵包，麵包會變小。為了烤好麵包，就算比較耗電也要預熱至少 30 分鐘以上。

使用石板　大部分家庭烤箱的隔熱能力都不強，若打開烤箱門，熱度馬上就會冷卻。烤箱內的加熱器若經常啟動，會造成水分蒸發而讓麵包變得乾燥。石板具有蓄熱功能，一旦放入石板，便可以使用較均勻的溫度烘烤麵包。

不要開啟烤箱門　同上，如果烘烤麵包的過程中打開烤箱門，麵包表面將變得乾燥。

以高於烘烤麵包實際溫度的高溫預熱　家庭烤箱隔熱能力不佳，熱度容易冷卻，因此以較高的溫度預熱，才能在開關烤箱門時使溫度微幅下降，以預想的溫度烘烤麵包。

根據用途使用烤箱溫控功能　下火溫度較強的底層主要用於烘烤大型麵包，下火和上火溫度類似的中間層適合烘烤小型麵包。上層用於烘烤餅乾等體積小且薄、又重視表面顏色的麵包。

蒸氣與石板

雖然健康麵包食材單純，但容易受烤箱影響，做出純粹的味道並不容易。但只要記得兩個重點，在家裡也能做出美味的健康麵包。

第一項重點是石板。在烤箱中放入石板便可以彌補家庭烤箱的缺點。挑選尺寸適當的市售烘焙石板，厚度最好在 1.5 ～ 1.8 公分之間。使用時將石板置於最下層預熱。每次使用前先以低溫逐步調高溫度加熱，以充分的時間讓石板吸收熱度，才可以長期使用。要注意的是，放入石板的話預熱時間會延長，一般約為 30 ～ 60 分鐘。將麵團放在充

分預熱的石板上烘烤時，麵團會因為瞬間增加的熱度而充分膨脹，形成良好氣孔。

第二項重點就是蒸氣。健康麵包並不像其他麵包會添加油脂或砂糖，所以很快就會變硬。冰冷的麵團若接觸到蒸氣，烘烤過程中不會快速變硬而能順利膨脹，麵粉表面的澱粉轉化為糖，顏色也會變得更漂亮。蒸氣豐富的麵團表面會出現光澤，刀痕容易展開，並形成良好的氣孔。

產生蒸氣最簡便的方法是在烤熱的石板上淋上水，製造水蒸氣。先將石板烤熱、放入麵團，再將大約 60 毫升的熱水倒在沒有被麵團佔據的石板上，產生水蒸氣。

chapter 1

基本麵包
&
甜麵包

基本麵包的製作入門

市面上的免揉麵包食譜中並沒有甜麵包食譜。因為免揉麵包是種氧化程度少，盡可能保留麵粉風味的製作方法，所以主要用於製作法國長棍麵包或是法國鄉村麵包等健康麵包。1960年代，烘焙設備不如現在精密，酵母也很昂貴，當時曾有人使用少量酵母手工製作甜麵包，這麼一來，即使是利用免揉麵包的方法也能製作甜麵包。用免揉麵包方法製作的甜麵包尺寸，雖然比一般麵包小，但麵團能自然形成麩質蛋白，即使家中沒有製麵機也能輕鬆製作，口感柔軟又容易消化。

Steps   混合液體食材→酵母放入液體中溶解→放入砂糖、食鹽溶解→放入融化的奶油（或食用油）→混合粉類食材→以 15 分鐘為間距折疊 4～5 次→第一階段發酵→分割麵團→揉圓麵團→中途發酵→塑形→第二階段發酵→烘烤

準備道具：攪拌盆、磅秤、矽膠刮刀、烤箱、烤盤

---

step 1

混合液體食材

1 牛奶和水放入攪拌盆中秤重。

2 將雞蛋放入牛奶和水中以刮刀打散。

Tip 1. 一定要放牛奶和雞蛋嗎？

牛奶和雞蛋不是必要的食材，可以省略。牛奶的作用是提供麵團乳糖，烘烤時顏色會比較漂亮。此外，牛奶的蛋白質也會使麵團變得柔軟並提升風味。可以用豆漿或杏仁奶取代牛奶。雞蛋使麵包風味更加豐富，蛋黃中的卵磷脂是天然乳化劑，可以防止麵包變得乾硬，使麵包長時間維持柔軟口感。若製作麵團時省略雞蛋，麵包會快速變硬，要盡快食用。

Tip 2. 如何做出有顏色的麵團

這個階段可以加入南瓜泥或蔬菜汁，並充分攪拌以增添麵團顏色。

酵母放入液體中溶解

3　雞蛋和牛奶充分混合後，放入乾燥酵母靜置一分鐘。若是一放入酵母便攪拌，酵母會結塊。

4　酵母在水中溶解並開始沉澱時，用刮刀慢慢攪拌使酵母充分溶解。

Tip 3. 麵種

若想使用麵種提升麵包風味並幫助發酵，一定要在這個階段放入麵種。攪拌酵母的同時放入麵種並充分攪拌，使酵母和麵種溶解。若是先放鹽，再放入麵種，食鹽會使麩質蛋白凝固而無法充分溶解。麵種用量約為整體所需麵粉的 5 ～ 15% 較適當。

加入砂糖、食鹽溶解

5　酵母充分溶解後放入砂糖和食鹽，並以刮刀攪拌至溶解。

放入融化的奶油（或食用油）

6　將奶油放入不鏽鋼攪拌盆中以隔水加熱的方式融化。

7　將融化的奶油放入液體食材中，以刮刀混合均勻。奶油溫度若是太高，會大幅提高麵團溫度，使發酵無法順利進行，所以奶油的溫度約為40℃較適當。

Tip 4. 為什麼要先混合奶油？

一般來說，使用大量奶油的食譜都是在製作麵團的最後階段才放入奶油。因為奶油的油脂成分會妨礙麩質蛋白的形成，所以會在水分和麵粉充分混合並形成一定程度的麩質蛋白後才放入奶油。但是本章節中為了縮短混合時間，讓麵團製作更容易，才會在放入麵粉之前先放入奶油。雖然會延緩麩質蛋白形成，卻可以有效縮短混合麵團的時間。只是甜麵包的奶油用量較大，務必要充分折疊麵團至產生彈性為止。

Tip 5. 可以使用植物油取代奶油嗎？

使用植物油取代奶油也可以。只是使用植物油時，要在砂糖、食鹽等麵粉以外的所有食材充分混合後才能加入油脂。

---

step 5

混合粉類食材

8　液體食材充分混合後放入麵粉以刮刀攪拌。旋轉攪拌盆的同時，使用刮刀將麵團從盆底往上翻攪，重複這個攪拌動作至麵團看不見麵粉顆粒為止。

Tip 6. 攪拌奶油時有什麼訣竅嗎？

加入融化的奶油後，馬上放入粉類食材並迅速攪拌，特別是冬天時，因為油脂會快速凝固。液體食材需要稍微加熱，奶油融化的溫度也調整在 45℃左右。如果奶油凝固並集中至一側不容易攪拌時，使用雙手充分揉整麵團使食材均勻混合。

---

step 6

折疊麵團

9　麵團攪拌至看不見麵粉顆粒時，以保鮮膜包覆攪拌盆並在室溫下靜置 15 分鐘。室溫若在 18～27℃時，可直接在室溫下靜置。若溫度較高，則須將麵團置於冰箱，溫度較低時則在較溫暖處作業。靜置後的麵團具有光澤且延展性佳。

10　靜置完成後撕除保鮮膜，以手拉扯麵團，同時以 90°旋轉攪拌盆並折疊麵團。重複這個動作八次。折疊後的麵團會充滿彈性且光滑。

Tip 7. 折疊麵團時有比較輕鬆的方法嗎？

折疊麵團之前手上先稍微沾一點麵粉，麵團就不易沾黏，可俐落地作業。

Tip 8. 折疊麵團和發酵之間有什麼關係？

折疊過程中盡可能不要引起麵團發酵比較好。折疊過程中若是引起太多發酵作用，進行第一階段發酵時會過度發酵，麵包便不易成型。室溫較高時減少酵母用量或是在冰箱靜置一段時間後再折疊麵團。

11　折疊後再度以保鮮膜包覆麵團並在室溫下靜置 15 分鐘。採用低溫熟成方法時，重複折疊／靜置的動作四次，若要馬上使用麵團則重複五至六次。

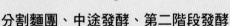

step 7

第一階段發酵

12　折疊完成的麵團會變得光滑且充滿彈性。以保鮮膜包覆麵團以免麵團流失水分，並在 25～27℃下發酵 30～60 分鐘。當麵團膨脹至原本的兩倍大時，即完成第一階段發酵。

Tip 9. 麵團要膨脹至什麼程度呢？

使用機器製作時，麵團可膨脹至三倍大，但本書介紹的方法是在折疊麵團的同時進行發酵，所以發酵密度較一般麵團略微鬆散。因此，膨脹程度較一般麵團略小時即可。

step 8

分割麵團、中途發酵、第二階段發酵

13　在發酵好的麵團上撒少許麵粉，使用刮刀將黏在攪拌盆上的麵團從側面小心刮下後取出。

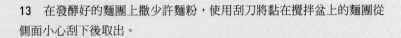

14　按照食譜需求將麵團秤重分割後揉整成圓形。揉整麵團時，將手指併攏包覆麵團後掌心朝下，將麵團緊貼手掌揉成圓形。

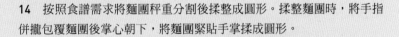

15　麵團揉圓後整齊排列在烤盤上，以保鮮膜包覆烤盤在室溫下靜置 15～20 分鐘後，按照食譜需求揉整塑形並放在溫熱處（30～35℃）靜置 40～50 分鐘進行二次發酵，等麵團膨脹至 2.5 倍大時即可烘烤。

小餐包

Soft rolls

這是最基本的免揉麵包。晚上製作麵團後隔日早上立刻就能烘烤，搭配牛奶一起吃就是令人滿足的早餐。可以直接享用，也可以塗抹果醬或做成三明治。

3　　　　　　4　　　　　　6　　　　　　8

食材

高筋麵粉 250 公克

牛奶 70 毫升

水 60 毫升

煉乳 12 公克

融化的奶油 30 公克

雞蛋 50 公克（1 顆）

砂糖 35 公克

食鹽 5 公克

乾燥酵母 3 公克

＋根據天氣使用酵母

製作免揉麵包時，雖然要盡可能減少酵母使用量，但是製作甜麵包時仍需要使用 3 公克的酵母。夏季時僅使用 2 公克酵母，並將麵團放在冰箱中長時間熟成。冬季若想要省略折疊麵團的過程，將酵母用量減少至 1 公克，並放在室溫下發酵 12 ～ 18 小時即可。

1 **混合水、牛奶、雞蛋、酵母**　水、牛奶和雞蛋放在攪拌盆中以刮刀打散後，放入乾燥酵母靜置 1 分鐘。酵母開始沉澱時，使用刮刀攪拌均勻。

2 **混合砂糖、煉乳、食鹽、奶油**　將砂糖、煉乳和食鹽放入 1 中以刮刀輕輕攪拌後，倒入融化的奶油將液體食材充分攪拌。

3 **混合麵粉後靜置**　將高筋麵粉放入 2 中以刮刀攪拌至看不見麵粉顆粒為止。接著以保鮮膜包覆攪拌盆並在 15 ～ 25℃的室溫下靜置 15 分鐘。

4 **折疊麵團**　雙手沾水後拉扯並折疊麵團，以 90°旋轉攪拌盆並折疊八次，靜置 15 分鐘。重複五次靜置／折疊的動作。

5 **第一階段發酵**　以保鮮膜包覆麵團並在 26℃左右靜置 30 ～ 60 分鐘。
　＊冷藏發酵時只須折疊四次，然後放在冰箱中低溫熟成 12 ～ 18 小時。

6 **分割麵團進行中途發酵**　麵團膨脹成兩倍大時，將麵團分割成每份 45 公克，揉圓放在烤盤上，以保鮮膜覆蓋，在室溫下靜置 15 分鐘。

7 **塗抹蛋液**　將麵團再次揉圓後放在烤盤上並塗抹蛋液。

8 **第二階段發酵**　以保鮮膜覆蓋，靜置在溫暖處（30 ～ 35℃）大約 40 ～ 50 分鐘。當麵團膨脹至 2.5 倍大且輕搖烤盤會晃動時，發酵便完成了。

9 **烘烤**　將烤箱溫度降低至 190℃烘烤 12 ～ 15 分鐘。
　＊烤箱門開關時溫度會下降，因此先以 200℃預熱再以 190℃烘烤。

煉乳奶油麵包

Milky bread

可以享受一圈一圈撕來吃的樂趣，是充滿魅力的一種麵包。烘烤前在麵包表面塗抹奶油，這個小步驟讓麵包久放時保持濕潤又充滿麥香。不過，還是剛從烤箱出爐時最美味。

190℃ │ 20 分鐘 │ 份量：2 個 160×75×65mm 磅蛋糕模

2　　　　　　　　3　　　　　　　　4　　　　　　　　5

食材

高筋麵粉 250 公克

牛奶 70 毫升

水 60 毫升

煉乳 12 公克

融化的奶油 30 公克

雞蛋 50 公克（1 顆）

砂糖 35 公克

食鹽 5 公克

乾燥酵母 3 公克

配料

砂糖 40 公克

融化的奶油 50 公克

煉乳 適量

1　**混合水、牛奶、雞蛋、酵母**　水、牛奶和雞蛋放在攪拌盆中以刮刀打散後，放入乾燥酵母靜置 1 分鐘。酵母開始沉澱時，使用刮刀攪拌均勻。

2　**混合砂糖、煉乳、食鹽、奶油**　將砂糖、煉乳和食鹽放入 1 中以刮刀輕輕攪拌後，倒入融化的奶油將液體食材充分攪拌。

3　**混合麵粉後靜置**　將高筋麵粉放入 2 中以刮刀攪拌至看不見麵粉顆粒為止。接著以保鮮膜包覆攪拌盆並在 15 ～ 25℃的室溫下靜置 15 分鐘。

4　**折疊麵團**　雙手沾水後拉扯並折疊麵團，以 90° 旋轉攪拌盆並折疊八次，靜置 15 分鐘。重複五次靜置／折疊的動作。

5　**第一階段發酵**　以保鮮膜包覆麵團並在 26℃左右靜置 30 ～ 60 分鐘。

＊冷藏發酵時只須折疊四次，然後放在冰箱中低溫熟成 12 ～ 18 小時。

  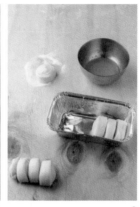 

| 6 | 8 | 9 | 10 |

6　**將麵團分割成 200 公克的小麵團**　當麵團膨脹成兩倍大時，取出麵團並分割成每份 200 公克的小麵團，揉圓後攤平麵團。

7　**中途發酵**　將麵團放在攪拌盆或是盤子上，以保鮮膜覆蓋後在室溫下進行 15 分鐘的中途發酵。

8　**捲起麵團**　以雙手按壓麵團排出空氣後擀成四方形再捲起來。

9　**切割麵團沾上糖衣**　使用刮板將捲起的麵團以 2 公分為間距切開，沾覆奶油並灑上砂糖。

10　**裝入模具**　將沾上糖衣的麵團整齊地按照順序放入磅蛋糕模具中。

11　**第二階段發酵**　以保鮮膜覆蓋模具避免麵團水分流失，將麵團放在溫暖處（30～35℃）靜置 40～50 分鐘進行第二階段發酵，待麵團膨脹至模具頂端下方 1 公分處即可。

12　**烘烤**　將煉乳淋上發酵完成的麵團後放入烤箱，將烤箱溫度降低至 180℃烘烤 20 分鐘。

　　＊烤箱門開關時溫度會下降，因此先以 190℃預熱再以 180℃烘烤。

香腸麵包

Flower hot dog buns

將香腸放入麵團後剪成樹葉狀，再加以排列、烘烤。和紅豆麵包、克林姆麵包一樣是社區麵包店的固定商品。這次介紹的是初學者也可以輕鬆照著做，不需要烤箱，只要使用平底鍋烘烤的超簡單版本。

3 　　　　　　 5 　　　　　　 6 　　　　　　 7

食材

高筋麵粉 250 公克

牛奶 70 毫升

水 60 毫升

煉乳 12 公克

融化的奶油 30 公克

雞蛋 50 公克（1 顆）

砂糖 35 公克

食鹽 5 公克

乾燥酵母 3 公克

水 60 毫升

內餡

香腸 11 支

罐頭玉米 100 公克

美乃滋、番茄醬 適量

1 **混合水、牛奶、雞蛋、酵母**　水、牛奶和雞蛋放在攪拌盆中以刮刀打散後，放入乾燥酵母靜置 1 分鐘。酵母開始沉澱時，使用刮刀攪拌均勻。

2 **混合砂糖、煉乳、食鹽、奶油**　將砂糖、煉乳和食鹽放入 1 中以刮刀輕輕攪拌後，倒入融化的奶油將液體食材充分攪拌。

3 **混合麵粉後靜置**　將高筋麵粉放入 2 中以刮刀攪拌至看不見麵粉顆粒為止。接著以保鮮膜包覆攪拌盆並在 15 ～ 25℃的室溫下靜置 15 分鐘。

4 **折疊麵團**　雙手沾水後拉扯並折疊麵團，以 90°旋轉攪拌盆並折疊八次，靜置 15 分鐘。重複五次靜置／折疊的動作。

5 **第一階段發酵**　以保鮮膜包覆麵團並在 26℃左右靜置 30 ～ 60 分鐘。

　*冷藏發酵時只須折疊四次，然後放在冰箱中低溫熟成 12 ～ 18 小時。

6 **將麵團分割成 45 公克的小麵團**　當麵團膨脹成兩倍大時，取出麵團並分割成每份 45 公克的小麵團並揉圓。

7 **中途發酵**　以保鮮膜覆蓋麵團後在室溫下進行 15 分鐘的中途發酵。

  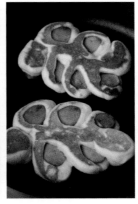 

8   9   11   12

8 **將香腸放上麵團並包起來**　以雙手按壓發酵好的麵團，排出空氣後擀成長條狀，將香腸放在麵團中間，以麵團包覆香腸後再捲起來。

9 **做出樹葉造型**　將包好香腸的麵團放在平底鍋上，使用剪刀將麵團剪成樹葉造型，以之字型交疊。

10 **第二階段發酵**　平底鍋蓋上鍋蓋後放在溫暖處（30～35℃）靜置40～50分鐘進行二次發酵，待麵團膨脹至兩倍大即可。

11 **烘烤**　蓋上鍋蓋以小火烘烤5～7分鐘，鍋蓋出現水蒸氣時稍微掀起麵包確認烘烤的狀態。底部呈現金黃色時翻面再次蓋上鍋蓋烘烤2～3分鐘。

12 **裝飾麵包**　將罐頭玉米放在麵包中央，以之字型擠上美乃滋和番茄醬完成裝飾。

＋使用平底鍋烤麵包的注意事項

使用平底鍋烘烤麵包時，如果第二階段發酵時麵團發酵過度，麵包便容易在翻面過程中變形。因此建議發酵程度要比使用烤箱烘烤的麵團稍微弱一點。使用烤箱取代平底鍋烘烤時，先把裝飾的玉米、美乃滋和番茄醬放上麵團後再以190℃烘烤12～15分鐘即可。

紅茶蘋果麵包

Black tea & apple bread

在添加紅茶的香甜麵團中滿滿地放入以紅茶燉煮過的蘋果，就能烘烤成香氣四溢的紅茶蘋果麵包。悠閒的下午茶時光，一塊紅茶蘋果麵包搭配一杯紅茶，再完美也不過了。另外，當作禮物送給長輩也十分適合。

190℃ │ 20 分鐘 │ 份量：2 個 160×75×65mm 磅蛋糕模

食材

高筋麵粉 250 公克

牛奶 70 毫升

熱水 100 毫升

煉乳 12 公克

融化的奶油 30 公克

雞蛋 50 公克（1 顆）

砂糖 35 公克

食鹽 5 公克

乾燥酵母 3 公克

伯爵紅茶茶包 1 只

內餡

水 50 毫升

蘋果 2/3 顆（200公克）

砂糖 100 公克

伯爵紅茶茶葉 5 公克

1

3

1　**製作紅茶茶湯**　將一只伯爵紅茶茶包（約 2 公克）拆開放入熱水中浸泡後，冷卻備用。

　　＊為了呈現紅茶茶葉的顆粒質感所以泡茶前需要拆開茶包。

2　**混合水、牛奶、雞蛋、酵母**　水、牛奶和雞蛋放在攪拌盆中以刮刀打散後，放入乾燥酵母靜置 1 分鐘。酵母開始沉澱時，使用刮刀攪拌均勻。

3　**混合砂糖、煉乳、食鹽、奶油**　將砂糖、煉乳和食鹽放入 1 中以刮刀輕輕攪拌後，倒入融化的奶油將所有液體食材充分攪拌。

4　**混合麵粉後靜置**　將高筋麵粉放入 2 中以刮刀攪拌至看不見麵粉顆粒為止。接著以保鮮膜包覆攪拌盆，並在 15 ～ 25℃的室溫下靜置 15 分鐘。

7 8 10

5 **折疊麵團** 雙手沾水後，拉扯並折疊麵團，以 90°旋轉攪拌盆並折疊八次，靜置 15 分鐘。重複五次靜置／折疊的循環。

6 **第一階段發酵** 以保鮮膜包覆麵團並在 26℃左右靜置 30 ～ 60 分鐘。
＊冷藏發酵時只須折疊四次，然後放在冰箱中低溫熟成 12 ～ 18 小時。

7 **製作糖漿** 將蘋果以外的內餡食材放入小鍋中煮沸。靜待紅茶充分泡開後濾除茶葉，將糖漿盛裝在鍋中備用。

8 **燉煮蘋果** 蘋果去皮切成 1.5 公分的小丁後，放入盛裝糖漿的小鍋中以小火燉煮到糖漿收乾，冷卻備用。

9 **中途發酵** 麵團膨脹成兩倍大時，取出麵團並分割成每份 200 公克的小麵團並揉圓，以保鮮膜覆蓋麵團後在室溫下進行 15 分鐘的中途發酵。

10 **放上蘋果** 使用擀麵棍將完成中途發酵的麵團擀平，均勻放上蘋果。

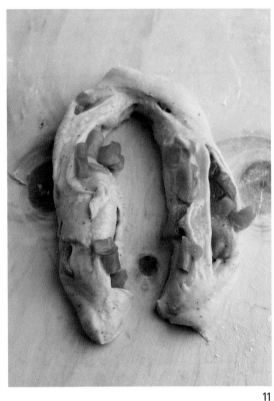

11   12

11 **捲起並扭轉麵團**　將麵團捲成長條狀並將尾端塞進去後，使用刮板將麵團切成長度相
　　同的兩條小麵團，把兩條小麵團扭轉成麻花狀。

12 **第二階段發酵**　將麵團放入模具中以保鮮膜覆蓋，避免麵團水分流失。將麵團放在溫
　　暖處（30 ～ 35℃）靜置 40 ～ 50 分鐘進行第二階段發酵，待麵團膨脹至模具頂端下
　　方 1 公分處即可。

13 **烘烤**　將煉乳淋上發酵完的麵團後放入烤箱，將烤箱溫度降低至 180℃烘烤 20 分鐘。
　　＊烤箱門開關時溫度會下降，因此先以 190℃預熱再以 180℃烘烤。

鮮奶油紅豆麵包

Sweet red bean bun with cream

讓人心頭浮上舊日回憶的香甜紅豆麵包，嚐得到滿滿的鮮奶油。鮮奶油可讓紅豆麵包不會過於甜膩，反而更加淡雅。放在冰箱冷藏後，冰涼的口感讓美味更加倍。

食材

高筋麵粉 250 公克

牛奶 70 毫升

水 60 毫升

煉乳 12 公克

融化的奶油 30 公克

雞蛋 50 公克（1 顆）

砂糖 35 公克

食鹽 5 公克

乾燥酵母 3 公克

黑芝麻 適量

內餡

鮮奶油 200 公克

砂糖 12 公克

紅豆餡 300 公克

3   5

1 **混合水、牛奶、雞蛋、酵母** 水、牛奶和雞蛋放在攪拌盆中以刮刀打散後，放入乾燥酵母靜置 1 分鐘。酵母開始沉澱時，使用刮刀攪拌均勻。

2 **混合砂糖、煉乳、食鹽、奶油** 將砂糖、煉乳和食鹽放入 1 中以刮刀輕輕攪拌後，倒入融化的奶油將液體食材充分攪拌。

3 **混合麵粉後靜置** 將高筋麵粉放入 2 中以刮刀攪拌至看不見麵粉顆粒為止。接著以保鮮膜包覆攪拌盆並在 15 ～ 25℃的室溫下靜置 15 分鐘。

4 **折疊麵團** 雙手沾水後拉扯並折疊麵團，以 90° 旋轉攪拌盆並折疊八次，靜置 15 分鐘。重複五次靜置／折疊的動作。

5 **第一階段發酵** 以保鮮膜包覆麵團並在 26℃左右靜置 30 ～ 60 分鐘。

* 冷藏發酵時只須折疊四次，然後放在冰箱中低溫熟成 12 ～ 18 小時。

6   7   8

6　**分割麵團進行中途發酵**　麵團膨脹成兩倍大時，取出麵團並分割成每份 50 公克的小
　　麵團並揉圓，接著以保鮮膜覆蓋麵團，並在室溫下進行 15 分鐘的中途發酵。

7　**放入紅豆餡**　以雙手按壓發酵好的麵團並排出空氣，放上 30 公克的紅豆餡並包起來，
　　整齊地排放在烤盤上。

8　**第二階段發酵**　在麵團表面塗抹蛋液並撒上黑芝麻後，放在溫暖處（30 ～ 35℃）靜
　　置 40 ～ 50 分鐘進行第二階段發酵至麵團膨脹到 2.5 倍大。輕輕搖晃烤盤，若麵團會
　　晃動便表示發酵完成。

9　**烘烤**　將完成發酵的麵團放入烤箱，並將溫度降低至 190℃烘烤 12 ～ 15 分鐘，充分
　　冷卻後使用筷子在麵包側面截出洞口。

　　＊烤箱門開關時溫度會下降，因此先以 200℃預熱再以 190℃烘烤。

10

11

10 製作鮮奶油　鮮奶油和砂糖混合後打發，直到鮮奶油變得蓬鬆堅挺，放入擠花袋中。

11 擠入鮮奶油　從洞口擠入鮮奶油至麵包稍微膨脹即可。

＊可以添加少許香草精或是柑橘利口酒減少牛奶的腥味，或是混合 80 公克的卡士達醬增添香濃風味。

＋製作紅豆餡

紅豆 500 公克，砂糖 350 公克，食鹽 4 公克

紅豆洗淨，水煮至紅豆皮舒張並稍微裂開，將水瀝乾放入新的水再次煮沸。沸騰後轉為小火燉煮至紅豆變鬆軟，放入砂糖和食鹽，繼續燉煮至濃稠時即可關火冷卻備用。

肉桂卷

Cinnamon rolls

在擀得薄薄的麵團上撒滿肉桂砂糖和綜合果皮，香氣撲鼻。喜歡堅果的話可以放上核桃、胡桃、蔓越莓增添口感與咀嚼的樂趣。

200℃ | 12～15 分鐘 | 份量：9 個

食材

高筋麵粉 250 公克

牛奶 70 毫升

水 60 毫升

煉乳 12 公克

融化的奶油 30 公克

雞蛋 50 公克（1 顆）

砂糖 35 公克

食鹽 5 公克

乾燥酵母 3 公克

內餡

砂糖 50 公克

肉桂粉 5 公克

融化的奶油 15 公克

綜合果皮 30 公克

糖霜

蛋白 30 克（約 1 顆蛋
的蛋白）

糖粉 130 公克

檸檬汁 1/4 小匙

1

4

1 **混合水、牛奶、雞蛋、酵母**　水、牛奶和雞蛋放在攪拌盆中以刮刀打散
後，放入乾燥酵母靜置 1 分鐘。酵母開始沉澱時，使用刮刀攪拌均勻。

2 **混合砂糖、煉乳、食鹽、奶油**　將砂糖、煉乳和食鹽放入 1 中以刮刀輕
輕攪拌後，倒入融化的奶油將液體食材充分攪拌。

3 **混合麵粉後靜置**　將高筋麵粉放入 2 中以刮刀攪拌至看不見麵粉顆粒為
止。接著以保鮮膜包覆攪拌盆並在 15 ～ 25℃的室溫下靜置 15 分鐘。

4 **折疊麵團**　雙手沾水後拉扯並折疊麵團，以 90° 旋轉攪拌盆並折疊八次，
靜置 15 分鐘。重複五次靜置／折疊的動作。

6   7   8

5 **第一階段發酵** 　以保鮮膜包覆麵團並在 26℃左右靜置 30 ～ 60 分鐘。

   ＊冷藏發酵時只須折疊四次，然後放在冰箱中低溫熟成 12 ～ 18 小時。

6 **混合內餡** 　混合砂糖和肉桂粉後，倒入融化的奶油攪拌均勻。

7 **擀平麵團** 　當麵團膨脹成兩倍大時，取出麵團並放在撒好麵粉的工作台上，使用擀麵
棍將麵團擀成 25×30 公分的四方形。

8 **放上內餡** 　將 6 的肉桂砂糖和綜合果皮均勻撒在麵團上，將麵團從頭捲到尾。

9-1   9-1   11

9 分成九等分放入烘焙紙杯中 麵團接合的那一面朝下放在工作台上，以刮板分成九等分之後分別放入烘焙紙杯中再移到烤盤上。

10 第二階段發酵 以保鮮膜覆蓋麵團避免水分流失，放在溫暖處（30 ～ 35℃）靜置 40 ～ 50 分鐘進行第二階段發酵至麵團膨脹到 2.5 倍大。輕輕搖晃烤盤，若麵團會晃動便表示發酵完成。

11 烘烤 將發酵好的麵團放入以 200℃ 預熱的烤箱中，並將溫度降低至 190℃ 烘烤 12 ～ 15 分鐘。

＊烤箱門開關時溫度會下降，因此先以 200℃ 預熱再以 190℃ 烘烤。

12 裝飾 將糖粉與蛋白攪拌至沒有結塊後，倒入檸檬汁製成糖霜。將糖霜攪拌呈黏稠狀，再裝入小型擠花袋中，在麵包冷卻前以之字型擠在麵包上。

柚子奶油乳酪麵包

Yuzu cream cheese buns

柔軟的奶油乳酪加上香氣四溢的柚子內餡，更添酸甜滋味。柚子內餡的甜味在口中留下的清爽口感是柚子奶油乳酪麵包的魅力。

| 6 | 7 | 8 | 9 |

食材

高筋麵粉 250 公克

牛奶 70 毫升

水 60 毫升

煉乳 12 公克

融化的奶油 30 公克

雞蛋 50 公克（1 顆）

砂糖 35 公克

食鹽 5 公克

乾燥酵母 3 公克

帕馬森乳酪 適量

柚子奶油

奶油乳酪 250 公克

柚子茶（柚子蜜）90 公克

1 **混合水、牛奶、雞蛋、酵母** 水、牛奶和雞蛋放在攪拌盆中以刮刀打散後，放入乾燥酵母靜置 1 分鐘。酵母開始沉澱時，使用刮刀攪拌均勻。

2 **混合砂糖、煉乳、食鹽、奶油** 將砂糖、煉乳和食鹽放入 1 中以刮刀輕輕攪拌後，倒入融化的奶油將液體食材充分攪拌。

3 **混合麵粉後靜置** 將高筋麵粉放入 2 中以刮刀攪拌至看不見麵粉顆粒為止。接著以保鮮膜包覆攪拌盆並在 15 ～ 25℃的室溫下靜置 15 分鐘。

4 **折疊麵團** 每 15 分鐘以 90°旋轉攪拌盆並折疊八次。重複五次循環。

5 **第一階段發酵** 以保鮮膜包覆麵團並在 26℃左右靜置 30 ～ 60 分鐘。

　＊冷藏發酵時只須折疊四次，然後放在冰箱中低溫熟成 12 ～ 18 小時。

6 **製作柚子奶油** 奶油乳酪退冰後放入柚子茶（蜜）混合均勻。

7 **中途發酵** 當麵團膨脹成兩倍大時，取出麵團並分割成每份 45 公克，揉圓後以保鮮膜覆蓋麵團，在室溫下進行 15 分鐘的中途發酵。

8 **放入柚子奶油** 使用擀麵棍擀平麵團，在每個小麵團中間放上 30 公克的柚子奶油並包起內餡，整齊地排放在烤盤上。

9 **第二階段發酵** 將麵團放在溫暖處（30 ～ 35℃）靜置 40 ～ 50 分鐘進行第二階段發酵至麵團膨脹到 2.5 倍大，並將帕馬森乳酪粉撒在麵團上。輕輕搖晃烤盤，若麵團會晃動便表示發酵完成。

10 **烘烤** 將麵團放入以 200℃預熱的烤箱，將溫度降低至 190℃烘烤 12 ～ 14 分鐘。

麻糬麵包

Mochi buns with sweet red bean paste

香甜柔軟的麵團中，放入富有嚼勁的麻糬烘烤而成的特別麵包。製作方法簡單，初學者也可以立刻上手。想要吃得更健康，就省略手工麻糬只放紅豆餡即可。

食材

高筋麵粉 250 公克

牛奶 70 毫升

水 60 毫升

煉乳 12 公克

融化的奶油 30 公克

雞蛋 50 公克（1 顆）

砂糖 35 公克

食鹽 5 公克

乾燥酵母 3 公克

內餡

麻糬 11 份

1　　　　　　　　　　　　2

1 **混合水、牛奶、雞蛋、酵母**　水、牛奶和雞蛋放在攪拌盆中以刮刀打散後，放入乾燥酵母靜置 1 分鐘。酵母開始沉澱時，使用刮刀攪拌均勻。

2 **混合砂糖、煉乳、食鹽、奶油**　將砂糖、煉乳和食鹽放入 1 中以刮刀輕輕扮勻後，倒入融化的奶油將液體食材充分攪拌。

3 **混合麵粉後靜置**　將高筋麵粉放入 2 中以刮刀攪拌至看不見麵粉顆粒為止。接著以保鮮膜包覆攪拌盆並在 15 ～ 25℃的室溫下靜置 15 分鐘。

4 **折疊麵團**　雙手沾水後拉扯並折疊麵團，以 90° 旋轉攪拌盆並折疊八次，靜置 15 分鐘。重複五次靜置／折疊的動作。

5   6   7   9

5　第一階段發酵　以保鮮膜包覆麵團並在 26℃左右靜置 30 ～ 60 分鐘。

＊冷藏發酵時只須折疊四次，然後放在冰箱中低溫熟成 12 ～ 18 小時。

6　分割麵團進行中途發酵　麵團膨脹成兩倍大時，取出麵團並分割成每份 45 公克的小
麵團，揉圓放在烤盤上，以保鮮膜覆蓋烤盤，在室溫下進行 15 分鐘的中途發酵。

7　包覆麻糬　以雙手按壓發酵好的麵團並排出空氣，接著在每個小麵團中間放上一份麻
糬，並將麵團封口收攏後整齊地排放在烤盤上。

8　二次發酵　以保鮮膜覆蓋麵團避免水分蒸發，將麵團放在溫暖處（30 ～ 35℃）靜置
40 ～ 50 分鐘進行第二階段發酵至麵團膨脹到 2.5 倍大。輕輕搖晃烤盤，若麵團會晃
動便表示發酵完成。

9　烘烤　在發酵完成的麵團上劃上兩道刀痕，刷上蛋液後放入烤箱，並將溫度降低至
190℃烘烤 12 ～ 15 分鐘。

＊烤箱門開關時溫度會下降，因此先以 200℃預熱再以 190℃烘烤。

＋ 製作手工麻糬

食材

水磨糯米粉 400 公克

砂糖 30 公克

轉化糖漿 15 公克

果寡糖 30 公克

紅豆餡 500 公克

食鹽 4 公克

澱粉 少許

水 60 毫升

2   3   4

1 **調節水分** 糯米粉中放入食鹽調味，一點一點加水攪拌均勻。

2 **炊蒸** 攪拌至糯米粉逐漸凝結、緊握時會滑開的程度，再放入冒著蒸氣的蒸籠中炊蒸 20 分鐘。

3 **混合其他食材** 糯米蒸熟後放入攪拌器中，並加入砂糖、轉化糖漿、果寡糖和水攪打。沒有攪拌器的話就使用刮刀充分混合食材。全速攪打 5 ～ 8 分鐘直到產生嚼勁為止。

4 **放入紅豆餡** 將麻糬放在撒好澱粉的工作台上分割成每份 40 公克的小麻糬，在每份小麻糬上放入 50 公克的紅豆餡並捏緊開口，將內餡包起來。

全麥酥菠蘿麵包

Wholemeal soboro buns

在散發花生香氣的酥菠蘿麵團中加入全麥麵粉，可增添營養和香醇風味。酥菠蘿麵團製作完成後放在冰箱中可保存三天，也可以應用在其他麵包上。

200℃ | 12 ～ 15 分鐘 | 份量：11 個

6　　　　　　　7　　　　　　　8

食材

高筋麵粉 250 公克

牛奶 70 毫升

水 60 毫升

煉乳 12 公克

融化的奶油 30 公克

雞蛋 50 公克（1 顆）

砂糖 35 公克

食鹽 5 公克

乾燥酵母 3 公克

酥菠蘿

中筋麵粉 100 公克

全麥麵粉 50 公克

奶油 65 公克

砂糖 75 公克

雞蛋 50 公克（1 顆）

花生醬 1 大匙

蜂蜜 1 小匙

1　**混合水、牛奶、雞蛋、酵母**　水、牛奶和雞蛋放在攪拌盆中以刮刀打散後，放入乾燥酵母靜置 1 分鐘。酵母開始沉澱時，使用刮刀攪拌均勻。

2　**混合砂糖、煉乳、食鹽、奶油**　將砂糖、煉乳和食鹽放入 1 中以刮刀輕輕攪拌後，倒入融化的奶油將液體食材充分攪拌。

3　**混合麵粉折疊麵團**　將高筋麵粉放入 2 中以刮刀攪拌後，以保鮮膜包覆攪拌盆並在 15 ～ 25℃的室溫下靜置 15 分鐘。接著拉扯並折疊完成靜置的麵團，以 90°旋轉攪拌盆並折疊八次。重複五次靜置／折疊的動作。

4　**第一階段發酵**　以保鮮膜包覆麵團並在 26℃左右靜置 30 ～ 60 分鐘。
＊冷藏發酵時只須折疊四次，然後放在冰箱中低溫熟成 12 ～ 18 小時。

5　**分割麵團進行中途發酵**　麵團膨脹成兩倍大時，取出麵團分割成每份 45 公克的小麵團並揉圓，接著以保鮮膜覆蓋麵團並在室溫下進行 15 分鐘的中途發酵。

6　**製作酥菠蘿**　奶油和花生醬混合後放入砂糖、蜂蜜以打蛋器攪打。將雞蛋一點一點慢慢加入攪打，接著把中筋麵粉、全麥麵粉預先混合後使用雙手攪拌粉類和液體食材，直到成為乾爽的顆粒狀。

7　**沾上酥菠蘿**　將麵團再次揉整至表面光滑，接著放入水中浸泡並快速取出，利用麵團濕潤的表面均勻裹上酥菠蘿，並整齊地排放在烤盤上。

8　**第二階段發酵**　以保鮮膜覆蓋，靜置在溫暖處（30 ～ 35℃）大約 40 ～ 50 分鐘。當麵團膨脹至 2.5 倍大且輕搖烤盤會晃動時，發酵便完成了。

9　**烘烤**　將麵團放入烤箱中，將溫度降至 190℃烘烤 12 ～ 15 分鐘。

維也納奶油麵包

Pain viennois à la crème framboise

維也納奶油麵包是奧地利人第一個製作的風味麵包。使用滿滿的砂糖、雞蛋、牛奶和奶油製作，在法國被稱為「Viennoiserie」。不妨試著在濕潤的麵包裡放上香甜的覆盆子果醬和奶油霜吧！

食材

高筋麵粉 250 公克

牛奶 70 毫升

水 60 毫升

煉乳 12 公克

融化的奶油 30 公克

雞蛋 50 公克（1 顆）

砂糖 35 公克

食鹽 5 公克

乾燥酵母 3 公克

內餡

奶油 130 公克

煉乳 50 公克

糖粉 20 公克

覆盆子果醬 適量

1   5

1 **混合水、牛奶、雞蛋、酵母** 水、牛奶和雞蛋放在攪拌盆中以刮刀打散後，放入乾燥酵母靜置 1 分鐘。酵母開始沉澱時，使用刮刀攪拌均勻。

2 **混合砂糖、煉乳、食鹽、奶油** 將砂糖、煉乳和食鹽放入 1 中以刮刀輕輕攪拌後，倒入融化的奶油將液體食材充分攪拌。

3 **混合麵粉後靜置** 將高筋麵粉放入 2 中以刮刀攪拌至看不見麵粉顆粒為止。接著以保鮮膜包覆攪拌盆並在 15 ～ 25℃的室溫下靜置 15 分鐘。

4 **折疊麵團** 雙手沾水後拉扯並折疊麵團，以 90°旋轉攪拌盆並折疊八次，靜置 15 分鐘。重複五次靜置／折疊的動作。

5 **第一階段發酵** 以保鮮膜包覆麵團並在 26℃左右靜置 30 ～ 60 分鐘。

＊冷藏發酵時只須折疊四次，然後放在冰箱中低溫熟成 12 ～ 18 小時。

  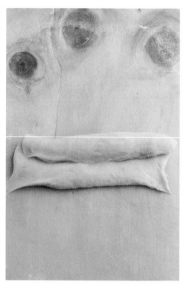

| 6 | 7 | 8 |

6　**製作奶油霜**　預先取出內餡用的奶油退冰至軟化，放入攪拌盆中使用打蛋器打散。加入煉乳、糖粉攪打。

7　**分割麵團進行中途發酵**　麵團膨脹成兩倍大時，取出麵團並分割成每份 45 公克的小麵團揉圓。接著以保鮮膜覆蓋麵團並在室溫下進行 15 分鐘的中途發酵。

8　**塑形**　將發酵好的麵團擀平後，捲成 20 公分長的麵團。

9 10 12

9 **劃出刀痕** 麵團接合處朝下整齊地排放在烤盤上,塗抹蛋液後密集劃上刀痕。

　＊塑形後如果沒有馬上劃,麵團會變軟,不容易劃出刀痕。

10 **第二階段發酵** 以保鮮膜覆蓋麵團避免水分蒸發,將麵團放在溫暖處(30～35℃)靜置 40～50 分鐘進行第二階段發酵至麵團膨脹到 2.5 倍大。輕輕搖晃烤盤,若麵團會晃動便表示發酵完成。

11 **烘烤** 將發酵完成的麵團放入烤箱,並將溫度降低至 190℃烘烤 12 分鐘。

　＊烤箱門開關時溫度會下降,因此先以 200℃預熱再以 190℃烘烤。

12 **塗抹果醬、奶油霜** 麵包充分冷卻後,將麵包從中間切開,塗抹覆盆子果醬和奶油霜做成三明治。

椰香香蘭烤餅

Roti pandan inti kelapa

添加了香濃香蘭葉汁的麵包中，再放入滿滿的糖煮椰絲，製作成充滿馬來西亞風情的麵包。可以使用進口食品行販售的香蘭葉泥取代香蘭葉汁。

6　　　　　　　7　　　　　　　8　　　　　　　9

食材

高筋麵粉 250 公克

牛奶 70 毫升

煉乳 12 公克

融化的奶油 30 公克

雞蛋 50 公克（1 顆）

砂糖 35 公克

香蘭葉泥 5 公克

食鹽 5 公克

乾燥酵母 3 公克

水 60 毫升

內餡

椰子糖 150 公克

椰子絲 150 公克

水 100 毫升

香草精 1/2 小匙

1 **混合水、牛奶、雞蛋、酵母**　水、牛奶和雞蛋放在攪拌盆中以刮刀打散後，放入乾燥酵母靜置 1 分鐘。酵母開始沉澱時，使用刮刀攪拌均勻。

2 **混合砂糖、煉乳、食鹽、奶油**　將香蘭葉泥、砂糖、煉乳和食鹽放入 1 中以刮刀輕輕攪拌後，倒入融化的奶油將液體食材充分攪拌。

3 **混合麵粉後靜置**　將高筋麵粉放入 2 中以刮刀攪拌至看不見麵粉顆粒為止。接著以保鮮膜包覆攪拌盆並在 15 ～ 25℃的室溫下靜置 15 分鐘。

4 **折疊麵團**　雙手沾水後拉扯並折疊麵團，以 90°旋轉攪拌盆並折疊八次，靜置 15 分鐘。重複五次靜置／折疊的動作。

5 **第一階段發酵**　以保鮮膜包覆麵團並在 26℃左右靜置 30 ～ 60 分鐘。
＊冷藏發酵時只須折疊四次，然後放在冰箱中低溫熟成 12 ～ 18 小時。

6 **製作內餡**　將椰子糖放入小鍋中加水煮沸。稍微變濃稠後，即可加入椰子絲以小火熬煮至縮水，接著混合香草精後冷卻備用。

7 **分割麵團進行中途發酵**　麵團膨脹成兩倍大時，分割成每份 45 公克的小麵團並揉圓放在烤盤上。以保鮮膜覆蓋，在室溫下發酵 15 分鐘。

8 **包覆內餡**　以雙手按壓麵團，在每個小麵團中間放上 30 公克的椰子餡。將麵團封口收攏，整齊排在烤盤上並在麵團上塗抹蛋液。

9 **第二階段發酵**　將麵團放在溫暖處（30 ～ 35℃）靜置 40 ～ 50 分鐘至麵團膨脹到 2.5 倍大。輕搖烤盤，若麵團會晃動便表示發酵完成。

10 **烘烤**　將麵團放入烤箱並將溫度降低至 190℃烘烤 12 ～ 15 分鐘。

香橙巧克力麵包

Orange & chocolate buns

巧克力的甜味和糖漬橙皮的酸甜風味，非常貼近小朋友喜歡的味道。喜歡較甜的口感，就使用牛奶巧克力，喜歡濃郁風味的就使用黑巧克力。柑橘皮若刨成絲加入麵團中，味道會更豐富。

190℃ | 15 ～ 18 分鐘 | 份量：10 個

3

5

6

7

食材

高筋麵粉 250 公克

牛奶 70 毫升

水 60 毫升

煉乳 12 公克

融化的奶油 30 公克

雞蛋 50 公克（1 顆）

砂糖 35 公克

黑巧克力碎片 70 公克

糖漬橙皮 30 公克

食鹽 5 公克

乾燥酵母 3 公克

1 **混合水、牛奶、雞蛋、酵母** 水、牛奶和雞蛋放在攪拌盆中以刮刀打散後，放入乾燥酵母靜置 1 分鐘。酵母開始沉澱時，使用刮刀攪拌均勻。

2 **混合砂糖、煉乳、食鹽、奶油** 將砂糖、煉乳和食鹽放入 1 中以刮刀輕輕攪拌後，倒入融化的奶油將液體食材充分攪拌。

3 **混合麵粉後靜置** 將高筋麵粉放入 2 中稍微攪拌後，放入黑巧克力碎片和糖漬橙皮，以刮刀攪拌至看不見麵粉顆粒為止。以保鮮膜包覆攪拌盆在 15 ～ 25℃的室溫下靜置 15 分鐘。

4 **折疊麵團** 雙手沾水後拉扯並折疊完成靜置的麵團，以 90°旋轉攪拌盆並折疊八次，靜置 15 分鐘。重複五次靜置／折疊的動作。

5 **第一階段發酵** 以保鮮膜包覆麵團並在 26℃左右靜置 30 ～ 60 分鐘。
＊冷藏發酵時只須折疊四次，然後放在冰箱中低溫熟成 12 ～ 18 小時。

6 **分割麵團進行中途發酵** 麵團膨脹成兩倍大時，分割成每份 60 公克的小麵團並揉圓。接著以保鮮膜覆蓋並在室溫下發酵 15 分鐘。

7 **第二階段發酵** 將發酵完成的麵團再次揉圓後放入瑪芬模具中，接著以保鮮膜覆蓋模具避免水分蒸發，並放在溫暖處（30 ～ 35℃）靜置 40 ～ 50 分鐘進行第二階段發酵，直至麵團膨脹到瑪芬模具頂端。

8 **烘烤** 將麵團放入烤箱並將溫度降低至 180℃烘烤 15 ～ 18 分鐘。
＊烤箱門開關時溫度會下降，因此先以 190℃預熱再以 180℃烘烤。

土司

No-knead pan bread

一定要徹底揉捏麵團才會好吃的土司，其實並不好做。試試看不需要揉整麵團，只要折疊幾次就能簡單製作的土司吧！因免揉製法自然形成麩質蛋白，這種土司很容易消化。

200℃ | 30 分鐘 | 份量：1 個 215×95×95mm 的土司模具

食材

高筋麵粉 250 公克

牛奶 100 毫升

水 75 毫升

砂糖 15 公克

芥花油 15 公克

食鹽 5 公克

乾燥酵母 2 公克

1   2

1 **混合水、牛奶、酵母** 水和牛奶放在攪拌盆中以刮刀混合均勻後，放入乾燥酵母靜置 1 分鐘。酵母開始沉澱時，使用刮刀攪拌均勻。

2 **混合砂糖、食鹽、芥花油** 將砂糖和食鹽放入 1 中以刮刀輕輕攪拌後，倒入芥花油將液體食材充分攪拌。

3   5   6

3 **混合麵粉後靜置**　將高筋麵粉放入 2 中以刮刀攪拌至看不見麵粉顆粒為止。接著以保
　　鮮膜包覆攪拌盆並在 15 ～ 25℃的室溫下靜置 15 分鐘。

4 **折疊麵團**　雙手沾水後拉扯並折疊完成靜置的麵團，以 90° 旋轉攪拌盆並折疊八次，
　　靜置 15 分鐘。重複五次靜置／折疊的動作。

5 **第一階段發酵**　以保鮮膜包覆麵團並在 26℃左右靜置 30 ～ 60 分鐘。

　　＊冷藏發酵時只須折疊四次，然後放在冰箱中低溫熟成 12 ～ 18 小時。

6 **將麵團分成三等分進行中途發酵**　麵團膨脹成兩倍大時，取出麵團並分割成三等分後
　　揉圓。接著以保鮮膜覆蓋麵團並在室溫下進行 15 分鐘的中途發酵。

7-1   7-2   8

7 **塑形**   將發酵完成的麵團擀成長條狀，麵團左右兩側往中間折後，再將上下兩端往中間捲。麵團接合處朝下，整齊放入土司模具中。

8 **第二階段發酵**   保鮮膜覆蓋模具避免水分蒸發，放在溫暖處（30～35℃）靜置40～50分鐘進行第二階段發酵，讓麵團膨脹到土司模具頂端下方1公分處。

9 **烘烤**   將發酵完成的麵團放入烤箱並將溫度降低至180℃烘烤30分鐘。

＊烤箱門開關時溫度會下降，因此先以200℃預熱再以180℃烘烤。

如何烤出好吃的土司

烘烤土司時，要放在家用烤箱的最下層顏色才會漂亮。因土司上端距離加熱器較近，如果顏色變深的速度比烘烤的時間快，需要降低上方加熱器的強度或是鋪上烘焙紙再烘烤。

綠茶紅豆土司

Green tea pan bread with sweet red bean paste

隱約散發香氣的綠茶和紅豆形成絕佳的組合。一口咬下，清新的綠茶香氣瞬間充滿口中。有點餓的時候搭配熱騰騰的綠茶一起享用剛剛好。

200℃ | 30 分鐘 | 份量：1 個 215×95×95 mm 的土司模具

2

3

6

7

食材

高筋麵粉 245 公克

豆漿 100 毫升

水 75 毫升

砂糖 15 公克

芥花油 15 公克

綠茶粉 5 公克

食鹽 5 公克

乾燥酵母 2 公克

內餡

紅豆餡 200 公克

1 **混合水、豆漿、酵母** 水與豆漿放在攪拌盆中以刮刀混合均勻後，放入乾燥酵母靜置 1 分鐘。酵母開始沉澱時，使用刮刀攪拌均勻。

2 **混合砂糖、食鹽、綠茶粉、芥花油** 將砂糖、食鹽和綠茶粉放入 1 中以刮刀輕輕攪拌至沒有結塊後，倒入芥花油將液體食材充分攪拌。

3 **混合麵粉後靜置** 將高筋麵粉放入 2 中以刮刀攪拌至看不見麵粉顆粒為止。接著以保鮮膜包覆攪拌盆並在 15 ～ 25℃的室溫下靜置 15 分鐘。

4 **折疊麵團** 雙手沾水後拉扯並折疊完成靜置的麵團，以 90°旋轉攪拌盆並折疊八次，靜置 15 分鐘。重複五次靜置／折疊的動作。

5 **第一階段發酵** 以保鮮膜包覆麵團並在 26℃左右靜置 30 ～ 60 分鐘。
＊冷藏發酵時只須折疊四次，然後放在冰箱中低溫熟成 12 ～ 18 小時。

6 **放入內餡捲起麵團** 麵團膨脹成兩倍大時，取出麵團擀平並排出氣體。均勻鋪上紅豆餡後捲起麵團，接合處朝下放入土司模具中。

7 **第二階段發酵** 以保鮮膜覆蓋模具避免水分蒸發，並放在溫暖處（30 ～ 35℃）靜置 40 ～ 50 分鐘進行第二階段發酵，讓麵團膨脹到土司模具頂端下方 1 公分處。

8 **烘烤** 將發酵完成的麵團放入烤箱並將溫度降低至 180℃烘烤 30 分鐘。
＊烤箱門開關時溫度會下降，因此先以 200℃預熱再以 180℃烘烤。

乳酪土司

Cheesy pan bread

在基本的土司麵團中加入切達乳酪（Cheddar）製作而成。充滿香濃乳酪氣息的土司麵包，單吃也相當美味。也可以隨個人喜好使用古岡左拉藍紋乳酪（Gorgonzola）、卡門貝爾乾酪（Camembert）取代切達乳酪。

200℃ ｜ 30 分鐘 ｜ 份量：1 個 215×95×95mm 的土司模具

3   5   7   8

食材

高筋麵粉 250 公克

牛奶 100 毫升

水 75 毫升

砂糖 15 公克

芥花油 15 公克

食鹽 5 公克

乾燥酵母 2 公克

內餡

切達乳酪丁 180 公克

1　**混合水、牛奶、酵母**　混合水和牛奶，接著放入乾燥酵母靜置 1 分鐘。酵母開始沉澱時，使用刮刀攪拌均勻。

2　**混合砂糖、食鹽、芥花油**　將砂糖和食鹽放入 1 中以刮刀輕輕攪拌後，倒入芥花油將液體食材充分攪拌。

3　**混合麵粉後靜置**　將高筋麵粉放入 2 中以刮刀攪拌至看不見麵粉顆粒為止。接著以保鮮膜包覆攪拌盆並在 15 ～ 25℃的室溫下靜置 15 分鐘。

4　**折疊麵團**　雙手沾水後拉扯並折疊完成靜置的麵團，以 90°旋轉攪拌盆並折疊八次，靜置 15 分鐘。重複五次靜置／折疊的動作。

5　**第一階段發酵**　以保鮮膜包覆麵團並在 26℃左右靜置 30 ～ 60 分鐘。

　　＊冷藏發酵時只須折疊四次，然後放在冰箱中低溫熟成 12 ～ 18 小時。

6　**中途發酵**　麵團膨脹成兩倍大時，取出麵團揉圓。接著以保鮮膜覆蓋麵團並在室溫下進行 15 分鐘的中途發酵。

7　**放入乳酪**　將麵團擀平及排出氣體。把切達乳酪切成 1 立方公分的小丁，並將乳酪丁均勻放上麵團後捲起來，接合處朝下放入土司模具中。

8　**第二階段發酵**　以保鮮膜覆蓋模具避免水分蒸發並放在溫暖處（30 ～ 35℃），靜置 40 ～ 50 分鐘進行第二階段發酵至麵團膨脹到土司模具頂端下方 1 公分處。

9　**烘烤**　將發酵完成的麵團放入烤箱並將溫度降低至 180℃烘烤 30 分鐘。

　　＊烤箱門開關時溫度會下降，因此先以 200℃預熱再以 180℃烘烤。

鹽花卷

Salt rolls

這是日本愛媛縣某麵包店一天可以賣出六千個的人氣麵包。清淡的麵團加入奶油捲起來後，稍微撒上鹽花烘烤而成。又香又鹹的口味和麵包相當合拍。

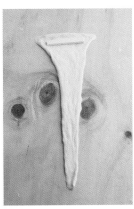

7　　　　　　　　　8-1　　　　　　　　　8-2　　　　　　　　　9

食材

中筋麵粉 100 公克

高筋麵粉 150 公克

牛奶 100 毫升

水 75 毫升

砂糖 15 公克

芥花油 15 公克

食鹽 5 公克

乾燥酵母 2 公克

內餡

動物性奶油 100 公克

日曬粗鹽 適量

1 **混合水、牛奶、酵母**　混合水和牛奶，放入乾燥酵母靜置 1 分鐘。酵母開始沉澱時，使用刮刀攪拌均勻。

2 **混合砂糖、食鹽、芥花油**　將砂糖和食鹽放入 1 中以刮刀輕輕攪拌後，倒入芥花油將液體食材充分攪拌。

3 **混合麵粉後靜置**　將高筋麵粉放入 2 中以刮刀攪拌至看不見麵粉顆粒為止。接著以保鮮膜包覆攪拌盆並在 15 ～ 25℃的室溫下靜置 15 分鐘。

4 **折疊麵團**　雙手沾水後拉扯並折疊完成靜置的麵團，以 90°旋轉攪拌盆並折疊八次，靜置 15 分鐘。重複五次靜置／折疊的動作。

5 **第一階段發酵**　以保鮮膜包覆麵團並在 26℃左右靜置 30 ～ 60 分鐘。

＊冷藏發酵時只須折疊四次，然後放在冰箱中低溫熟成 12 ～ 18 小時。

6 **分割麵團進行中途發酵**　麵團膨脹成兩倍大時，分割成每份 45 公克的小麵團後揉圓。接著以保鮮膜覆蓋並在室溫下發酵 15 分鐘。

7 **塑形**　發酵完成的麵團用手揉捲成 7 公分長的蝌蚪形狀，以保鮮膜覆蓋麵團。接著將奶油切成 10 份長條。

8 **放入奶油捲起麵團**　使用擀麵棍擀平麵團，將奶油放在麵團較寬處，從寬處捲到麵團尾端做成蠶蛹狀，最後捲好的麵團整齊排在烤盤上。

9 **第二階段發酵**　將麵團放在溫暖處（30 ～ 35℃），靜置 40 ～ 50 分鐘發酵至麵團膨脹到 2.5 倍大。輕搖烤盤，若麵團會晃動便表示發酵完成。

10 **烘烤**　將石頭放入烤箱以 220℃預熱。日曬粗鹽撒在麵團上放入烤箱。將熱水倒在石頭上製造蒸氣並將溫度降低至 210℃烘烤 15 分鐘。

營養黑豆麵包

Nutritious black bean buns

黑豆咀嚼時富含口感，是一款具備風味和營養的麵包。可隨個人喜好混合水煮腰豆、豌豆、黑豆等喜歡的豆類。

| 200℃ | 15 ～ 18 分鐘 | 份量：9 個 |

5   6   8

食材

高筋麵粉 250 公克

牛奶 100 毫升

水 75 毫升

砂糖 15 公克

芥花油 15 公克

食鹽 5 公克

乾燥酵母 2 公克

內餡

水煮豆類 100 公克

1　**混合水、牛奶、酵母**　混合水和牛奶，放入乾燥酵母靜置 1 分鐘。酵母開始沉澱時，使用刮刀攪拌均勻。

2　**混合砂糖、食鹽、芥花油**　將砂糖和食鹽放入 1 中以刮刀輕輕攪拌後，倒入芥花油將液體食材充分攪拌。

3　**混合麵粉後靜置**　將高筋麵粉放入 2 中以刮刀攪拌至看不見麵粉顆粒為止。接著以保鮮膜包覆攪拌盆並在 15 ～ 25℃的室溫下靜置 15 分鐘。

4　**折疊麵團**　雙手沾水後拉扯並折疊完成靜置的麵團，以 90°旋轉攪拌盆並折疊八次，靜置 15 分鐘。重複五次靜置／折疊的動作。

5　**第一階段發酵**　以保鮮膜包覆麵團並在 26℃左右靜置 30 ～ 60 分鐘。

　＊冷藏發酵時只須折疊四次，然後放在冰箱中低溫熟成 12 ～ 18 小時。

6　**放入豆類**　麵團膨脹成兩倍大時，用擀麵棍擀平麵團。在麵團上均勻放上水煮豆類後捲起來，使用刮板將麵團分成 9 等分並放入瑪芬模具中。

7　**第二階段發酵**　以保鮮膜覆蓋模具，放在溫暖處（30 ～ 35℃）靜置 40 ～ 50 分鐘進行第二階段發酵至麵團膨脹到比瑪芬模具高 1 公分。

8　**烘烤**　將麵團放入烤箱並將溫度降低至 190℃烘烤 15 ～ 18 分鐘。

　＊烤箱門開關時溫度會下降，因此先以 200℃預熱再以 190℃烘烤。

chapter 2

輕麵包
&
健康麵包

健康麵包的製作入門

只要在使用刮刀攪拌發酵的過程中多用點心，就算沒有製麵機，在家裡也可以輕鬆做出健康麵包。健康麵包的主要食材是麵粉、食鹽、酵母、水等食材，做起來非常簡單，所以相對來說，過程中避免過度氧化並帶出麵粉風味是製作時的重點。好吃的健康麵包須使用雙手慢慢折疊麵團，避免發生氧化作用，提升麵包風味的類胡蘿蔔素才能發揮香氣。只要熟悉基本的製作方法，用波蘭液種或天然酵母進行低溫熟成，就可以做出口感層次豐富的麵包。添加有益健康的堅果類或是其他食材來製作麵包，也別有一番樂趣。

Steps 　混合液體食材→酵母放入液體中溶解→放入食鹽溶解→混合粉類食材→以15 分鐘為間距折疊 4～5 次→第一階段發酵→分割麵團→揉圓麵團→中途發酵→塑形→第二階段發酵→烘烤

準備道具：攪拌盆、磅秤、矽膠刮刀、帆布、木板、石板、麵團割紋刀、烤箱、刮板

— *step 1* —

混合液體食材

1　將液體食材放入攪拌盆中。氣溫若較高便使用冷水，氣溫較低則將水加熱到 25℃左右再使用。

Tip 1. 何時添加蔬菜或是果泥？
若欲添加南瓜、地瓜這類蔬果或果泥，請在這個步驟加入。

— *step 2* —

酵母放入液體中溶解

2　乾燥酵母放入水中靜置 1 分鐘。若是一放酵母就攪拌，酵母會結塊。

3　酵母在水中溶解並開始沉澱時，使用刮刀慢慢攪拌使酵母充分溶解。

Tip 2. 製作健康麵包時使用哪種酵母呢？

大部分的健康麵包不添加砂糖或只用少量砂糖，因此使用低糖乾燥酵母較佳。使用新鮮酵母時，用量為乾燥酵母的兩倍。

Tip 3. 如何使用麵種製作健康麵包？

健康麵包只使用麵粉、食鹽、水、酵母製作，不添加其他食材，使用麵種等天然酵母可以有效提升麵包的風味。特別是製作法國長棍麵包時，若使用波蘭液種這類麵種，發酵過程中會產生有機酸，讓麵團的黏性更強韌有力。製作健康麵包大多使用波蘭液種或法國老麵種這兩種麵種。波蘭液種取食譜中麵粉用量的 33%，預先混合發酵即可；法國老麵種則是取先前製作健康麵包時留下的麵團，用量約為食譜中麵粉的 5～15%，放入水中混合均勻即可使用。若想使用麵種提升麵包風味並幫助發酵，一定要在這個階段放入麵種才能充分混合。攪拌酵母的同時放入麵種，充分攪拌使酵母和麵種溶解。若是先放鹽再放入麵種，食鹽會使麩質蛋白凝固而無法充分溶解。也可以完全不使用酵母，改用 30% 的酸麵種或是 15% 的水果液種製作天然酵母麵包。使用液種或是酸麵種時，要扣除食譜中相應的水量。

---

step 3

放入食鹽溶解

4　酵母完全溶解後放入食鹽以刮刀攪拌至溶解。

Tip 4. 是否有其他使用食鹽的方法？

使用麵種或是天然酵母時，若是在已經添加食鹽的狀態下過度攪拌，麩質蛋白會凝固，食材便不易混合。故只需要在放入食鹽後攪拌至食鹽溶解即可。

部分免揉麵包的製作法會使用之後再放鹽的「後鹽法」。一開始製作時便放入食鹽會使麩質蛋白凝固，延長製作麵團的時間。之後再放食鹽不會影響麩質蛋白結合，也可縮短製作麵團的時間。然而，後鹽法有時也會使麵團不容易混合，因此本書中使用的是一開始便放入食鹽的方法。

Tip 5. 使用製麵機製作和免揉麵包製法製作的麵包有何差異？

使用製麵機製作的麵包和使用免揉麵包製法製作的麵包，從裡到外都不一樣。製麵機以高速揉攪麵團，產生大量氧化作用，麵包內部的顏色會變白；相對地，使用免揉麵包製法製作的麵包不會產生氧化作用，保留類胡蘿蔔素成分，麵包會呈黃色。使用免揉麵包製法產生的麩質蛋白會比使用製麵機的少，麵包外型也比較小，但是滋味更豐富出眾。

混合粉類食材

5　食材充分混合後，放入麵粉以刮刀攪拌。旋轉攪拌盆的同時，使用刮刀將麵團從盆底往上翻攪，重複這個動作至麵團看不見麵粉顆粒為止。

Tip 6. 何時可添加雜糧粉和堅果類？

麵團中若須添加黑麥麵粉或是全麥麵粉等雜糧粉，需要先混合雜糧粉才能放入高筋麵粉。堅果類則是接在雜糧粉之後放入，若是麵團中沒有使用雜糧粉，便先混合 1/3 左右的麵粉再放入堅果類。

折疊麵團

6　麵團攪拌至看不見麵粉顆粒時，以保鮮膜包覆攪拌盆並在室溫下靜置 15 分鐘。室溫在 18 ～ 27℃時，可直接在室溫下靜置。若溫度較高，則須將麵團置於冰箱；溫度較低時則須放在較溫暖處作業。靜置後的麵團具有光澤且延展性佳。

7　靜置完成後撕除保鮮膜，以手拉扯麵團，同時以 90° 旋轉攪拌盆折疊麵團。重複這個動作八次。折疊後的麵團會充滿彈性又光滑。

Tip 7. 怎麼折疊麵團才不會沾手？

折疊麵團之前先稍微沾一點麵粉在手上，麵團就不易沾黏，可以俐落地作業。

Tip 8. 折疊麵團和發酵之間有什麼關係？

折疊過程中盡可能不要引起麵團發酵比較好。折疊過程中若是引起太多發酵作用，進行第一階段發酵時會過度發酵，麵包便不易成型。室溫較高時，須減少酵母用量或在冰箱靜置一段時間後再折疊麵團。

8　折疊後再以保鮮膜包覆麵團，並在室溫下靜置 15 分鐘。採用低溫熟成法時，重複折疊／靜置的動作四次，若要馬上使用則重複五至六次。

第一階段發酵

9　折疊完成的麵團表面會光滑有彈性。以保鮮膜包覆麵團以免麵團流失水分，並在 25 ～ 27℃下發酵 30 ～ 60 分鐘。麵團膨脹至原本的兩倍大時即完成第一階段發酵。

Tip 9. 麵團要膨脹至什麼程度呢？

健康麵包類不可過度發酵。折疊麵團的同時也會進行發酵，所以發酵密度較一般麵團略微鬆散，且膨脹程度也較一般麵團略小時即可。

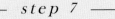

step 7

分割麵團並進行中途發酵

10 在發酵好的麵團上撒少許麵粉，使用刮刀將黏在攪拌盆上的麵團側面小心刮下後取出麵團。麵團很黏，所以需要充分使用麵粉才能順利取出麵團，注意不要將這些麵粉混入麵團中。

11 將麵團稍微壓平，使用刮板按照食譜需求將麵團秤重分割後揉整成圓形。揉整麵團時注意力道，避免麵團中的氣體流失。將分割好的麵團四個角往中心折，再以手掌輕輕揉成圓形。

12 以保鮮膜覆蓋麵團後，進行 20 ～ 30 分鐘的中途發酵至麵團稍微膨鬆為止。

step 8

塑形與第二階段發酵

13 使用刮板取出發酵完的麵團並倒過來放在撒好麵粉的工作台上。

14 將麵團揉整成橢圓形時小心地捲動，盡可能保留麵團中的空氣，稍微拉扯麵團至麵團產生彈性。揉整麵團時若太用力會使氣體流失，若動作太輕麵團會垂垮變成扁平的麵包。

15 在帆布上撒麵粉避免麵團沾黏帆布，麵團捏整好形狀後，將接合處朝上放置在帆布上進行發酵。

16 將麵團放置在 22 ～ 24℃環境下進行 40 ～ 50 分鐘的第二階段發酵，待麵團膨脹至 1.8 ～ 2 倍大。若在高溫高濕度的環境下發酵，麵團會垂垮無力。

step 9

烘烤

17 先將石板放入烤箱以 240℃預熱，再將完成發酵的麵團移至烘焙紙上並劃出刀痕。最後將麵團放入烤箱後，倒 60 毫升的熱水在石板上製造蒸氣，烘烤 15 ～ 25 分鐘。

輕黑麥麵包

Light rye bread

像法國鄉村麵包一樣，是款外表酥脆內裡濕潤的清淡麵包。剛出爐熱騰騰的黑麥麵包沾上巴薩米克醋和橄欖油一起享用，更是一絕。

240℃ | 20 分鐘 | 份量：3 個

食材

高筋麵粉 220 公克

黑麥麵粉 30 公克

水 195 毫升

食鹽 5 公克

乾燥酵母 1 公克

3   5

1 **混合水、酵母**　將乾燥酵母放入水中靜置 1 分鐘。酵母開始沉澱時，使用刮刀攪拌混合均勻。

2 **混合食鹽、黑麥麵粉**　將食鹽放入 1 中以刮刀輕輕攪拌後，放入黑麥麵粉混合均勻。

3 **混合麵粉後靜置**　將高筋麵粉放入 2 中以刮刀攪拌至看不見麵粉顆粒為止。接著以保鮮膜包覆攪拌盆並在室溫下靜置 15 分鐘。

4 **折疊麵團**　雙手沾水後拉扯並折疊完成靜置的麵團，以 90° 旋轉攪拌盆並折疊八次，靜置 15 分鐘。重複五次靜置／折疊的動作。
　　＊冷藏發酵時只須折疊四次，放在冰箱中低溫熟成 12 ～ 18 小時。

5 **第一階段發酵**　再次以保鮮膜包覆折疊後變得光滑的麵團，並在 25 ～ 27℃的環境下靜置 60 ～ 90 分鐘進行第一階段發酵。

6 7

6 **分割麵團進行中途發酵**　麵團膨脹成兩倍大時，取出麵團並分割成三份 150 公克的麵
　　團。將分割好的麵團四角往中心折成圓形。接著以保鮮膜覆蓋麵團並在室溫下進行 20
　　分鐘的中途發酵。

7 **塑形**　將發酵完成的麵團放在撒好麵粉的工作台上，輕輕拉扯麵團塑形以避免麵團中
　　的空氣流失，將麵團捲成橢圓形後撒上麵粉。

8   9

8　**第二階段發酵**　帆布鋪在烤盤上並撒好麵粉後，放上麵團並以保鮮膜覆蓋烤盤，放在
　　22 ～ 24℃的環境下靜置 40 ～ 50 分鐘進行第二階段發酵。

9　**烘烤**　麵團膨脹至 1.8 ～ 2 倍大時，將麵團移至烘焙紙上並劃出刀痕後，把麵團放入
　　預熱好的烤箱中，再將熱水倒在石頭上製造蒸氣並烘烤 20 分鐘（參照第 79 頁）。

+ 要使用多少黑麥麵粉呢？

這份食譜中的黑麥麵粉用量只佔整體麵粉的 12%，口感像法國鄉村麵包輕盈。黑麥麵粉用量可隨個人口
味調整，最多可以達到整體麵粉用量的 30%，黑麥麵粉用量愈多，口感就會愈乾澀，但黑麥香氣會更加
強烈。

法國長棍麵包

Baguette

法國長棍麵包是法國傳統麵包，只使用麵粉、食鹽、酵母和水四種食材來展現最純粹的風味，是一款不容易製作的麵包。如果開始對製作麵包產生自信的話就來挑戰看看吧！

240℃ │ 20 分鐘 │ 份量：2 個

食材

高筋麵粉 235 公克

全麥麵粉 15 公克

水 195 毫升

食鹽 5 公克

乾燥酵母 0.8 公克

3   4

1　**混合水、酵母**　將乾燥酵母放入水中靜置 1 分鐘。酵母開始沉澱時，使用刮刀攪拌混合均勻。

2　**混合食鹽、全麥麵粉**　將食鹽放入 1 中以刮刀輕輕攪拌後，放入全麥麵粉混合均勻。

3　**放入麵粉製作麵團**　將高筋麵粉放入 2 中以刮刀攪拌至看不見麵粉顆粒為止。接著以保鮮膜包覆攪拌盆並在室溫下靜置 15 分鐘。

4　**折疊麵團**　雙手沾水後拉扯並折疊完成靜置的麵團，以 90° 旋轉攪拌盆並折疊八次，靜置 15 分鐘。重複五次靜置／折疊的動作。

＊冷藏發酵時只須折疊四次，放在冰箱中低溫熟成 12 ～ 18 小時。

5   6   8

5　第一階段發酵　再次以保鮮膜包覆折疊後變得光滑的麵團，並在 25 ～ 27℃的環境下靜置 60 ～ 90 分鐘進行第一階段發酵。

6　分割麵團　麵團膨脹成兩倍大時，取出麵團並均分成二等分。輕輕捲起麵團避免麵團中的空氣流失，並將麵團表面整理平整。

＊為避免空氣流失，分割麵團時一次切割成二等分是重點。

7　進行中途發酵　以保鮮膜覆蓋塑形完成的麵團，並在室溫下進行 20 分鐘的中途發酵。

8　塑形　將發酵完成的麵團放在撒好麵粉的工作台上，輕輕捲起麵團避免空氣流失。

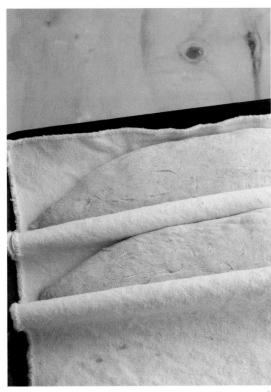

9

10

9　**第二階段發酵**　把帆布鋪在烤盤上並撒好麵粉後，將麵團接合處朝上放在帆布上，以保鮮膜覆蓋烤盤放在 22 ～ 24℃的環境下，靜置 40 ～ 50 分鐘進行第二階段發酵。
　　＊製作法國長棍麵包時要注意避免過度發酵。判斷麵團是否發酵完成的方法是使用手指按壓麵團，發酵至麵團按壓後會慢慢上升即可。

10　**烘烤**　麵團膨脹至 1.8 ～ 2 倍大時，將麵團移至烘焙紙上並劃出刀痕後，把麵團放入預熱好的烤箱中，再將熱水倒在石頭上製造蒸氣並烘烤 20 分鐘（參照第 79 頁）。

南瓜麵包

Pumpkin bread

南瓜富含有益身體健康的 β 胡蘿蔔素，放入大塊南瓜製作而成的南瓜麵包，顏色好看、美味好吃、對身體也健康，可說是最棒的麵包。預先將南瓜煮軟是製作南瓜麵包的重點。

食材

高筋麵粉 250 公克

南瓜泥 120 公克

水 175 毫升

食鹽 5 公克

乾燥酵母 1 公克

內餡

南瓜 200 公克

2　　　　　　　　　　　　　　　4

1　**混合水、南瓜、酵母**　將南瓜泥放入水中混合均勻後，放入乾燥酵母靜置 1 分鐘，酵母開始沉澱時，將酵母、水和南瓜混合均勻。

2　**混合食鹽、麵粉**　將食鹽放入 1 中以刮刀輕輕攪拌後，放入高筋麵粉以刮刀攪拌至看不見麵粉顆粒為止。接著以保鮮膜包覆攪拌盆並在室溫下靜置 15 分鐘。

3　**折疊麵團**　雙手沾水後拉扯並折疊完成靜置的麵團，以 90° 旋轉攪拌盆並折疊八次，靜置 15 分鐘。重複五次靜置／折疊的動作。

　　＊冷藏發酵時只須折疊四次，放在冰箱中低溫熟成 12 ～ 18 小時。

4　**第一階段發酵**　再次以保鮮膜包覆折疊後變得光滑的麵團，並在 25 ～ 27℃的環境下靜置 60 ～ 90 分鐘進行第一階段發酵。

5 7

5　**將麵團分割成二等分後折疊麵團**　麵團膨脹成兩倍大時，取出麵團並分割成二等分，
　　凹凸不平的部分朝上放在工作台上，再將麵團的四個角往中心折，稍微整理成圓形。

6　**中途發酵**　以保鮮膜覆蓋 5 的麵團並在室溫下進行 20 分鐘的中途發酵。

7　**放上南瓜**　將發酵完成的麵團倒過來放在撒好麵粉的工作台上，將內餡用的南瓜均分
　　成兩份（每份 100 公克），均勻鋪在麵團上。

8　**塑形**　將步驟 7 鋪好南瓜的麵團輕輕揉整成橢圓形，避免氣體流失。

9　10

9　**第二階段發酵**　將麵團接合處朝上放在撒好麵粉的帆布上，再以保鮮膜覆蓋麵團，並放在 22 ～ 24℃的環境下靜置 40 ～ 50 分鐘進行第二階段發酵。

10　**烘烤**　麵團膨脹至 1.8 ～ 2 倍大時，將麵團移至烘焙紙上並劃出刀痕後，把麵團放入預熱好的烤箱中，再將熱水倒在石頭上製造蒸氣並烘烤 20 分鐘（參照第 79 頁）。

＋蒸煮南瓜

將南瓜洗淨。內餡用的部分，連皮切成 2 公分的四方塊狀；南瓜泥的部分，去皮後連同內餡用南瓜放入蒸籠蒸煮 10 分鐘。內餡用的南瓜蒸煮到稍微有點軟就可以取出，作為南瓜泥的部分則要充分悶到軟爛。製作南瓜泥時，最好趁熱壓成泥。每顆南瓜的含水量皆不同，製作南瓜泥時可先用 150 毫升的水一起攪拌，再視南瓜濃稠的狀態增減水量。

番茄鮮菇佛卡夏

Tomato & mushroom focaccia

佛卡夏麵包可以將內餡放入麵團中做成扁平狀，或是將麵團鋪平再放上餡料。將義大利辛香料放入麵團中發酵後再放上番茄和香菇，再撒上格拉娜帕達諾起司（Grana Padano）就可以享受到正宗的義大利風味。

240℃ | 20 分鐘 | 份量：1 個 18 cm 四方烤盤

2

3

6

8

食材

高筋麵粉 250 公克

水 200 毫升

橄欖油 18 公克

食鹽 5 公克

乾燥酵母 0.8 公克

義大利綜合香草 1 公克

內餡

香菇 2 朵

番茄 1 顆

格拉娜帕達諾起司 15 公克

羅勒粉 1/2 小匙

胡椒粉 1/2 小匙

食鹽、橄欖油 少許

＊若沒有格拉娜帕達諾起司也可以使用帕瑪森起司替代。

1 **混合水、酵母** 將乾燥酵母放入水中靜置 1 分鐘後，混合均勻。

2 **混合食鹽、綜合香草、橄欖油** 依序混合均勻。

3 **放入麵粉製作麵團** 放入高筋麵粉以刮刀攪拌至看不見麵粉顆粒為止。接著以保鮮膜包覆攪拌盆並在室溫下靜置 15 分鐘。

4 **折疊麵團** 雙手沾水後拉扯並折疊完成靜置的麵團，以 90°旋轉攪拌盆並折疊八次，靜置 15 分鐘。重複五次靜置／折疊的動作。

5 **第一階段發酵** 以保鮮膜包覆麵團並在 26℃左右靜置 30 ～ 60 分鐘。
＊冷藏發酵時只須折疊四次，然後放在冰箱中低溫熟成 12 ～ 18 小時。

6 **放入烤盤進行第二階段發酵** 麵團膨脹成兩倍大時，倒入塗抹橄欖油的四方烤盤中，手指以掐或摁的方式按壓麵團，同時將麵團均勻鋪平。接著以保鮮膜覆蓋烤盤，並放在 22 ～ 24℃的環境下靜置 40 ～ 50 分鐘。

7 **處理香菇和番茄** 香菇切去蒂頭後和番茄一起切成薄片備用。

8 **烘烤** 麵團膨脹至 1.8 ～ 2 倍大時，將香菇和番茄放在麵團上，撒上格拉娜帕達諾起司、羅勒粉、胡椒粉，隨個人喜好撒上少許食鹽和橄欖油。最後把麵團放入預熱好的烤箱中，再將熱水倒在石頭上製造蒸氣並烘烤 20 分鐘（參照第 79 頁）。

＋什麼是義大利綜合香草？

混合大蒜、洋蔥、羅勒、巴西里、百里香、迷迭香、奧勒岡葉、黑胡椒、紅椒的一種綜合辛香料，容易在市面上購得。也可使用新鮮羅勒或迷迭香替代。

土耳其麵包

Ekmek

「Ekmek」在土耳其語中意為麵包。製作麵包時，混合少許全麥麵粉或使用土耳其產的麵粉，就可以感受到土耳其麵包的風味。親手製作的土耳其麵包搭配手工土耳其肉串或是沾咖哩吃都相當美味。

2 3 7 8

食材

中筋麵粉 100 公克

高筋麵粉 150 公克

水 180 毫升

原味優格 25 公克

砂糖 12 公克

橄欖油 15 公克

食鹽 5 公克

乾燥酵母 0.8 公克

餡料

原味優格 適量

罌粟籽或黑芝麻 適量

1 **混合水、原味優格、酵母**　將水和原味優格混合均勻後，放入乾燥酵母靜置 1 分鐘。酵母開始沉澱時，將酵母混合均勻。

2 **混合食鹽、橄欖油**　將食鹽和砂糖放入 1 中以刮刀輕輕攪拌後，倒入橄欖油攪拌均勻。

3 **放入麵粉製作麵團**　放入中筋麵粉和高筋麵粉以刮刀攪拌至看不見麵粉顆粒為止。接著以保鮮膜包覆攪拌盆並在室溫下靜置 15 分鐘。

4 **折疊麵團**　雙手沾水後拉扯並折疊完成靜置的麵團，以 90° 旋轉攪拌盆並折疊八次，靜置 15 分鐘。重複五次靜置／折疊的動作。

5 **第一階段發酵**　以保鮮膜包覆麵團並在 26℃ 左右靜置 30 ～ 60 分鐘。

＊冷藏發酵時只須折疊四次，然後放在冰箱中低溫熟成 12 ～ 18 小時。

6 **中途發酵**　麵團膨脹成兩倍大時，取出麵團並均分成兩等分後揉圓，在室溫下進行 20 分鐘的中途發酵。

7 **擀平麵團**　將麵團放在撒好麵粉的工作台上，擀成厚度 1 公分的麵團後放到烤盤上。

8 **烘烤**　先使用毛刷在麵團上塗抹原味優格，再來用雙手用力按壓麵團，成形後撒上罌粟籽。將麵團放入預熱好的烤箱中烘烤 15 分鐘。

＋沒有罌粟籽要怎麼製作土耳其麵包？

黑、白芝麻以 1:1 的比例取代罌粟籽。用之前剩下的麵種製作土耳其麵包風味會更好。

地瓜蜂蜜奶油麵包

Sweet potato bread

這是一款仿效最近流行的蜂蜜奶油餅乾製作而成的麵包。把富含膳食纖維的地瓜抹上蜂蜜和奶油後，放入法國長棍麵包的麵團中，同時提升甜蜜和香醇的風味。使用烤地瓜取代蜂蜜奶油地瓜也相當美味。

食材

高筋麵粉 250 公克

水 195 毫升

食鹽 5 公克

乾燥酵母 0.8 公克

內餡

水煮地瓜 350 公克

奶油 30 公克

蜂蜜 50 公克

砂糖 10 公克

肉桂粉 1 公克

2   3

1 **混合水、酵母**　將乾燥酵母放入水中靜置 1 分鐘，酵母開始沉澱時，將
　 酵母與水混合均勻。

2 **混合食鹽、麵粉**　將食鹽放入 1 中輕輕攪拌後，放入高筋麵粉以刮刀攪
　 拌至看不見麵粉顆粒為止。接著以保鮮膜包覆攪拌盆並在室溫下靜置 15
　 分鐘。

3 **折疊麵團**　雙手沾水後拉扯並折疊完成靜置的麵團，以 90° 旋轉攪拌盆
　 並折疊八次，靜置 15 分鐘。重複五次靜置／折疊的動作。

　 ＊冷藏發酵時只須折疊四次，放在冰箱中低溫熟成 12 ～ 18 小時。

5　　　　　　　　　　　　6　　　　　　　　　　　　7

4 **第一階段發酵**　再次以保鮮膜包覆折疊後變得光滑的麵團，並在 25 ～ 27℃的環境下靜置 60 ～ 90 分鐘進行第一階段發酵。

5 **汆燙地瓜**　將地瓜切成小丁放入滾水中燙熟，瀝乾備用。另外在鍋中放入奶油，以中火融化奶油後放入地瓜。

6 **烤地瓜**　將混合蜂蜜與砂糖的醬汁跟奶油地瓜攪拌均勻。當地瓜呈金黃色澤後熄火，放涼備用。

7 **捲起麵團進行中途發酵**　當 4 的麵團膨脹成兩倍大時，取出麵團並分割成二等分。小心將麵團滾到表面光滑，同時避免氣體流失。接著以保鮮膜覆蓋麵團並在室溫下進行 20 分鐘的中途發酵。

  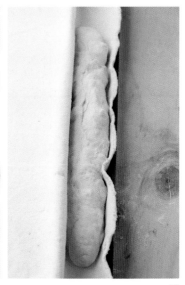

8   9   10

8 放上地瓜揉整塑形 　將發酵完成的麵團倒過來放在撒好麵粉的工作台上，麵團鋪平均勻放上地瓜後捲起麵團。

9 延展麵團 　兩手抓著麵團輕輕往兩端捲，延展麵團。

10 第二階段發酵 　將麵團接合處朝上放在撒好麵粉的帆布上，以保鮮膜覆蓋麵團並放在 22 ～ 24℃的環境下靜置 40 ～ 50 分鐘進行第二階段發酵。

11 烘烤 　麵團膨脹至 1.8 ～ 2 倍大時，將麵團移至烘焙紙上並劃出刀痕後，把麵團放入預熱好的烤箱中，再將熱水倒在石頭上製造蒸氣並烘烤 20 分鐘（參照第 79 頁）。

葡萄乾法國鄉村麵包

Pain de campagne aux raisins

葡萄乾法國鄉村麵包是每一間健康麵包烘焙坊都會出現的代表性麵包。有了在口中迸發酸甜口感的葡萄乾，即使不添加砂糖，也能讓第一次接觸健康麵包的人一吃就愛上。

240℃｜20 分鐘｜份量：2 個

1　　　　　　　5　　　　　　　7　　　　　　　8

食材

高筋麵粉 250 公克

水 195 毫升

葡萄乾 100 公克

食鹽 5 公克

乾燥酵母 1 公克

1　**準備葡萄乾**　葡萄乾放入溫水中浸泡約 1 小時後瀝乾備用。

2　**混合水、酵母**　將乾燥酵母放入水中靜置 1 分鐘後，混合均勻。

3　**混合食鹽、麵粉**　將食鹽放入 2 中溶解後，先放入一半高筋麵粉混合均勻，再放入另一半麵粉和葡萄乾以刮刀攪拌至看不見麵粉顆粒為止。接著以保鮮膜包覆攪拌盆並在室溫下靜置 15 分鐘。

4　**折疊麵團**　雙手沾水後拉扯並折疊完成靜置的麵團，以 90° 旋轉攪拌盆並折疊八次，靜置 15 分鐘。重複五次靜置／折疊的動作。

　　＊冷藏發酵時只須折疊四次，放在冰箱中低溫熟成 12 ～ 18 小時。

5　**第一階段發酵**　再次以保鮮膜包覆折疊後變得光滑的麵團，並在 25 ～ 27℃的環境下靜置 60 ～ 90 分鐘進行第一階段發酵。

6　**中途發酵**　麵團膨脹成兩倍大時，取出麵團並分割成二等分。凹凸不平的部分朝上放在工作台上，並將麵團的四角往中心折成圓形。接著以保鮮膜覆蓋麵團並在室溫下進行 20 分鐘的中途發酵。

7　**塑形**　待麵團稍微膨脹時，倒過來放在撒好麵粉的工作台上，輕輕揉捲麵團避免氣體流失。將麵團捲成橢圓形後撒上麵粉。

8　**第二階段發酵**　將麵團接合處朝上放在撒好麵粉的帆布上，以保鮮膜覆蓋麵團並放在 22 ～ 24℃的環境下靜置 40 ～ 50 分鐘進行第二階段發酵。

9　**烘烤**　麵團膨脹至 1.8 ～ 2 倍大時，將麵團移至烘焙紙上，劃出刀痕，接著放入預熱好的烤箱中，再將熱水倒在石頭上製造蒸氣烘烤 20 分鐘。

法國鄉村麵包

Pain de campagne

「Pain de campagne」在法語中意為鄉村麵包，龐大的體積和表面沾有麵粉是這款麵包的特色。據說法國鄉村地區無法每天購買到新鮮麵包，才會烘烤出體積龐大的鄉村麵包，再切成小塊販售。

2　　　　　　　5　　　　　　　7　　　　　　　8

食材

高筋麵粉 200 公克

黑麥麵粉 30 公克

全麥麵粉 20 公克

水 190 毫升

食鹽 5 公克

乾燥酵母 1 公克

＋烘烤法國鄉村麵包的方法

在家中烘烤法國鄉村麵包時，建議使用鑄鐵鍋或砂鍋。鑄鐵鍋或砂鍋放入烤箱烤熱，再將麵團放入鍋中蓋上鍋蓋烘烤大概 15 分鐘，剩下的時間取下鍋蓋直接烘烤。若沒有鍋蓋可使用不鏽鋼盆覆蓋在鍋子上烘烤。

1　**混合水、酵母**　將乾燥酵母放入水中靜置 1 分鐘，酵母開始沉澱時，將酵母與水混合均勻。

2　**混合食鹽、黑麥麵粉、全麥麵粉**　將食鹽放入 1 中溶解後，放入黑麥麵粉和全麥麵粉並輕輕混合均勻。

3　**靜置麵團**　放入高筋麵粉以刮刀攪拌至看不見麵粉顆粒為止。接著以保鮮膜包覆攪拌盆並在室溫下靜置 15 分鐘。

4　**折疊麵團**　雙手沾水後拉扯並折疊完成靜置的麵團，以 90° 旋轉攪拌盆並折疊八次，靜置 15 分鐘。重複五次靜置／折疊的動作。

　　＊冷藏發酵時只須折疊四次，放在冰箱中低溫熟成 12 ～ 18 小時。

5　**第一階段發酵**　再次以保鮮膜包覆折疊後變得光滑的麵團，並在 25 ～ 27℃的環境下靜置 60 ～ 90 分鐘進行第一階段發酵。

6　**中途發酵**　麵團膨脹成兩倍大時，取出麵團並將麵團的四角往中心折成圓形。再以保鮮膜覆蓋麵團並在室溫下進行 20 分鐘的中途發酵。

7　**塑形**　將發酵完成的麵團放在撒好麵粉的工作台上，輕輕揉圓麵團以避免氣體流失。

8　**第二階段發酵**　將麵團放在撒好麵粉的麵包發酵藤籃（banneton）中，再以保鮮膜覆蓋麵團並放在 22 ～ 24℃的環境下靜置 40 ～ 50 分鐘進行第二階段發酵。

9　**烘烤**　麵團膨脹至 1.8 ～ 2 倍大時，將麵團移至烘焙紙上，劃出刀痕，接著放入預熱好的烤箱中，再將熱水倒在石頭上製造蒸氣烘烤 30 分鐘。

果乾堅果長棍麵包

Fruits & nuts breadsticks

使用添加黑麥麵粉和全麥麵粉做出的厚實麵團，再放入滿滿的蔓越莓、葡萄乾及核桃，做成木棍造型的水果長棍麵包。愈咀嚼愈能感受到麥香，是這款麵包最吸引人的地方。

6　　　　　　　7　　　　　　　8　　　　　　　10

食材

高筋麵粉 180 公克

黑麥麵粉 50 公克

全麥麵粉 20 公克

水 190 毫升

蔓越莓 50 公克

葡萄乾 80 公克

核桃 60 公克

食鹽 5 公克

乾燥酵母 1 公克

1 **準備食材**　蔓越莓和葡萄乾放入溫水中浸泡至稍微膨脹後，瀝乾備用。核桃放入以 180℃ 預熱的烤箱中烘烤至金黃色後取出壓碎。

2 **混合水、酵母**　將乾燥酵母放入水中靜置 1 分鐘後，混合均勻。

3 **混合食鹽、麵粉、食材**　將食鹽放入 2 中溶解後，放入黑麥麵粉和全麥麵粉輕輕攪拌，再放入核桃、葡萄和蔓越莓攪拌均勻。

4 **靜置麵團**　放入高筋麵粉以刮刀攪拌至看不見麵粉顆粒為止。接著以保鮮膜包覆攪拌盆並在室溫下靜置 15 分鐘。

5 **折疊麵團**　雙手沾水後拉扯並折疊完成靜置的麵團，以 90° 旋轉攪拌盆並折疊八次，靜置 15 分鐘。重複五次靜置／折疊的動作。

6 **第一階段發酵**　以保鮮膜包覆麵團並在 26℃ 左右靜置 30 ～ 60 分鐘。

＊冷藏發酵時只須折疊四次，然後放在冰箱中低溫熟成 12 ～ 18 小時。

7 **揉整成橢圓形進行中途發酵**　麵團膨脹成兩倍大時，取出麵團並分割成每份 100 公克的小麵團。將麵團揉整成橢圓形後，再以保鮮膜覆蓋麵團並在室溫卜進行 20 分鐘的中途發酵。

8 **塑形**　麵團發酵完成後，放在撒好麵粉的工作台上揉整成長棍造型。

9 **第二階段發酵**　將麵團放在撒好麵粉的帆布上，再以保鮮膜覆蓋麵團並放在 22 ～ 24℃ 的環境下靜置 30 ～ 40 分鐘進行第二階段發酵。

＊因含有黑麥、全麥麵粉和水果乾，麵團不易膨脹，小心不要放在室溫下過久。

10 **烘烤**　麵團膨脹後移至烘焙紙上並放入預熱好的烤箱中，將熱水倒在石頭上製造蒸氣並烘烤 15 ～ 20 分鐘。

百分之百全麥麵包

100% wholemeal bread

最近大眾愈來愈關注健康麵包，因此尋找百分之百全麥麵粉製作麵包的人也變多了。試著製作口感粗糙卻有著濃濃麥香的純粹全麥麵包吧！

240℃ │ 30 分鐘 │ 份量：3 個

  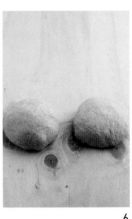

1　　　　　　　2　　　　　　　6

食材

全麥麵粉 250 公克

水 205 毫升

食鹽 5 公克

乾燥酵母 1 公克

1 **混合水、酵母**　將乾燥酵母放入水中靜置 1 分鐘，酵母開始沉澱時，將酵母與水混合均勻。

2 **混合食鹽、麵粉**　將食鹽放入 1 中溶解後，放入全麥麵粉以刮刀攪拌至看不見麵粉顆粒為止。

3 **靜置麵團**　以保鮮膜包覆攪拌盆並在室溫下靜置 15 分鐘。

4 **折疊麵團**　雙手沾水後拉扯並折疊完成靜置的麵團，以 90° 旋轉攪拌盆並折疊八次，靜置 15 分鐘。重複五次靜置／折疊的動作。

5 **第一階段發酵**　再次以保鮮膜包覆折疊後變得光滑的麵團，並在 25 ～ 27℃的環境下靜置 60 ～ 90 分鐘進行第一階段發酵。

＊冷藏發酵時只須折疊四次，放在冰箱中低溫熟成 12 ～ 18 小時。

6 **分割成三等分進行中途發酵**　麵團膨脹成兩倍大時，取出麵團並分割成三等分。凹凸不平的部分朝上放在工作台上，將麵團的四角往中心折成圓形後，再以保鮮膜覆蓋麵團並在室溫下進行 20 分鐘的中途發酵。

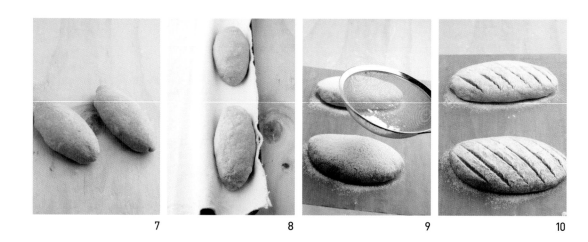

7   **塑形**   將發酵完成的麵團倒過來放在撒好麵粉的工作台上。為了避免氣體流失，輕輕將麵團揉捲成橢圓形，再灑上全麥麵粉。

8   **第二階段發酵**   將麵團放在撒好麵粉的帆布上，並以保鮮膜覆蓋麵團放在 22 ～ 24℃的環境下靜置 40 ～ 50 分鐘進行第二階段發酵。

9   **撒上全麥麵粉**   麵團膨脹至 1.8 ～ 2 倍大時，將麵團移至烘焙紙上，並撒上全麥麵粉。

10 **劃出刀痕，烘烤**   在麵團表面間隔一定距離劃出刀痕後，把麵團放入預熱好的烤箱中，再將熱水倒在石頭上製造蒸氣並烘烤 20 分鐘。

＋什麼是全麥麵粉？

以完整小麥研磨製成的全麥麵粉麩質蛋白較少，所以使用全麥麵粉製作的麵包較不容易膨脹，口感也比較硬。但是全麥麵包的膳食纖維和營養成分豐富，愈咀嚼愈能感受到清淡的口感和麥香。可使用全麥麵包製作成三明治，口感較不乾澀。

無花果黑麥麵包

Fig bread

在黑麥麵包中添加半乾燥的無花果乾，咀嚼時可以享受無花果種子在口中彈跳的感覺。半乾燥的無花果乾以糖漿浸泡一夜後再使用，口感會更柔軟。以雜糧粉取代黑麥麵粉製作也很對味。

1　　　　　　　　7　　　　　　　　8　　　　　　　　9

食材

高筋麵粉 200 公克

黑麥麵粉 50 公克

水 190 毫升

半乾燥無花果乾 120 公克

核桃 40 公克

食鹽 5 公克

乾燥酵母 1 公克

無花果糖漿

砂糖 30 公克

水 80 公克

1　**準備食材**　核桃放入以 180℃ 預熱的烤箱中烘烤至金黃色後取出壓碎。半乾燥無花果乾放入以砂糖和水熬煮而成的糖漿中浸泡，接著放入冰箱冷藏一夜，隔天取出瀝乾切成四等分備用。

2　**混合水、酵母**　將乾燥酵母放入水中靜置 1 分鐘，酵母開始沉澱時，將酵母與水混合均勻。

3　**混合食鹽、黑麥麵粉**　將食鹽放入 2 中溶解後，放入黑麥麵粉以刮刀攪拌均勻。

4　**放入核桃、無花果**　將核桃以及無花果放入 3 的麵團中攪拌均勻。

5　**靜置麵團**　將高筋麵粉放入 4 的麵團中攪拌至看不見麵粉顆粒為止，再以保鮮膜包覆攪拌盆並在室溫下靜置 15 分鐘。

6　**折疊麵團**　雙手沾水後拉扯並折疊完成靜置的麵團，以 90°旋轉攪拌盆並折疊八次，靜置 15 分鐘。重複五次靜置／折疊的動作。

　　＊冷藏發酵時只須折疊四次，放在冰箱中低溫熟成 12 ～ 18 小時。

7　**第一階段發酵**　再次以保鮮膜包覆折疊後變得光滑的麵團，在 25 ～ 27℃ 的環境下靜置 60 ～ 90 分鐘進行第一階段發酵。

8　**將麵團分割成三等分**　麵團膨脹成兩倍大時，取出麵團並分成三等分。

9　**中途發酵**　將麵團凹凸不平的部分朝上放在工作台上，再將麵團的四角往中心折成圓形，以保鮮膜覆蓋並在室溫下發酵 20 分鐘。

10   11   12

10 塑形   輕輕擀壓並稍微鋪平麵團後，上下折疊並捲起麵團。將麵團表面沾滿麵粉。

11 第二階段發酵   將麵團折疊部分朝上放在撒好麵粉的帆布上，再以保鮮膜覆蓋麵團並放在 22 ～ 24℃的環境下靜置 40 ～ 50 分鐘進行第二階段發酵。

12 劃出刀痕   麵團膨脹至 1.8 ～ 2 倍後，移至烘焙紙上並劃出刀痕。

13 放入烤箱烘烤   把麵團放入預熱好的烤箱中，再將熱水倒在石頭上製造蒸氣並烘烤 25 分鐘。

＋製作麵包的一日行程

晚間 8:00 食材秤重，製作麵團

晚間 8:10 麵團製作完成並靜置 15 分鐘

晚間 8:25 第一次折疊後靜置

晚間 8:40 第二次折疊後靜置

晚間 8:55 第三次折疊後靜置

晚間 9:10 最後一次折疊後放入冰箱

晚間 9:30 就寢

早晨 6:00 起床

早晨 6:30 將麵團從冰箱中取出分割後進行中途發酵（30 分鐘）

早晨 7:00 塑形後進行第二階段發酵

早晨 7:50 烘烤麵包

早晨 8:10 享受熱騰騰的麵包

＊原則上麵團需要熟成 12 ～ 18 小時，但是發酵 8 ～ 9 小時也能製作麵包。

蔓越莓核桃麵包

Cranberry & walnut bread

核桃與蔓越莓是健康麵包少不了的最佳拍檔。蔓越莓核桃麵包是第一次接觸或是不喜歡健康麵包的人也會喜歡的高人氣麵包。推薦給第一次在家製作健康麵包的讀者。

6   7   8   9

食材

高筋麵粉 225 公克

黑麥麵粉 25 公克

水 195 毫升

蔓越莓 30 公克

核桃 25 公克

食鹽 5 公克

乾燥酵母 1 公克

1 **混合水、酵母** 將乾燥酵母放入水中靜置 1 分鐘後，混合均勻。

2 **混合食鹽、黑麥麵粉** 將食鹽放入 1 中溶解後，放入黑麥麵粉以刮刀混合均勻，再放入蔓越莓與核桃攪拌。

3 **靜置麵團** 將高筋麵粉放入 2 攪拌至看不見麵粉顆粒為止，以保鮮膜包覆攪拌盆並在室溫下靜置 15 分鐘。

4 **折疊麵團** 雙手沾水後拉扯並折疊完成靜置的麵團，以 90° 旋轉攪拌盆並折疊八次，靜置 15 分鐘。重複五次靜置／折疊的動作。

＊冷藏發酵時只須折疊四次，放在冰箱中低溫熟成 12 ～ 18 小時。

5 **第一階段發酵** 再次以保鮮膜包覆折疊後變得光滑的麵團，在 25 ～ 27℃的環境下靜置 60 ～ 90 分鐘進行第一階段發酵。

6 **麵團分割成三等分後進行中途發酵** 麵團膨脹成兩倍大時，取出麵團並分割成三等分。將麵團的四角往中心折成圓形後，以保鮮膜覆蓋麵團並在室溫下進行 20 分鐘的中途發酵。

7 **塑形** 將發酵完成的麵團倒過來放在撒好麵粉的工作台上，輕輕抹捲麵團避免氣體流失。接著將麵團捲成橢圓形並撒上麵粉。

8 **第二階段發酵** 將麵團接合處朝上放在撒好麵粉的帆布上，以保鮮膜覆蓋麵團並放在 22 ～ 24℃的環境下靜置 40 ～ 50 分鐘進行第二階段發酵。

9 **烘烤** 麵團膨脹至 1.8 ～ 2 倍大時，將麵團移至烘焙紙上，劃出刀痕，接著放入預熱好的烤箱中，再將熱水倒在石頭上製造蒸氣烘烤 20 分鐘。

雜糧麵包

Multi-grain bread

這款麵包使用多種不同的雜糧，最後放上葵花子和南瓜子增添純樸香氣。製作雜糧麵包時，可以直接使用大麥、黑麥、燕麥、亞麻子等穀物炒製成的雜糧粉取代市售綜合雜糧粉。

2　　　　　　4　　　　　　6　　　　　　7

食材

高筋麵粉 200 公克

綜合雜糧粉 50 公克

食鹽 1 公克

乾燥酵母 1 公克

水 180 毫升

餡料

葵花子 適量

南瓜子 適量

1 **混合水、酵母**　將乾燥酵母放入水中靜置 1 分鐘，酵母開始沉澱時，將酵母與水混合均勻。

2 **混合食鹽、雜糧粉**　將食鹽放入 1 中溶解後，放入雜糧粉混合均勻。

3 **混合麵粉靜置麵團**　將高筋麵粉放入 2 攪拌至看不見麵粉顆粒為止，以保鮮膜包覆攪拌盆並在室溫下靜置 15 分鐘。

4 **折疊麵團**　雙手沾水後拉扯並折疊完成靜置的麵團，以 90° 旋轉攪拌盆並折疊八次，靜置 15 分鐘。重複五次靜置／折疊的動作。

　＊冷藏發酵時只須折疊四次，放在冰箱中低溫熟成 12 ～ 18 小時。

5 **第一階段發酵**　再次以保鮮膜包覆折疊後變得光滑的麵團，並在 25 ～ 27℃的環境下靜置 60 ～ 90 分鐘進行第一階段發酵。

6 **麵團分割成四等分後進行中途發酵**　麵團膨脹成兩倍大時，取出麵團並分割成四等分。將麵團的四角往中心折成圓形後，以保鮮膜覆蓋麵團並在室溫下進行 20 分鐘的中途發酵。

7 **沾上餡料**　輕輕揉捲發酵完成的麵團以避免氣體流失。在麵團上塗抹清水後，均勻沾上葵花子和南瓜子。

8 **第二階段發酵**　將麵團整齊放在烤盤上，以保鮮膜覆蓋麵團並放在 22 ～ 24℃的環境下靜置 40 ～ 50 分鐘進行第二階段發酵。

9 **烘烤**　麵團膨脹至 1.8 ～ 2 倍大時，把麵團放入預熱好的烤箱中，再將熱水倒在石頭上製造蒸氣並烘烤 20 分鐘。

艾草紅豆奶油麵包

Mugwort ciabatta with butter and redbean paste

從韓國傳統點心艾草糕獲得靈感而製作的改良版巧巴達麵包。除了散發出淡淡的艾草香氣，富有嚼勁的巧巴達麵包也增添了口感。在巧巴達麵包中放入親手熬煮的紅豆餡和香濃奶油更是錦上添花。

食材

高筋麵粉 247 公克

水 200 毫升

橄欖油 12 公克

艾草粉 3 公克

砂糖 8 公克

食鹽 5 公克

乾燥酵母 1 公克

內餡

奶油 100 公克

紅豆餡 150 公克

3　　　　　　　　　　　　　　　　4

1 **混合水、酵母**　將乾燥酵母放入水中靜置 1 分鐘，酵母開始沉澱時，將酵母與水混合均勻。

2 **混合砂糖、食鹽、艾草粉、橄欖油**　將砂糖和食鹽放入 1 中溶解後，放入艾草粉和橄欖油以刮刀混合均勻。

3 **靜置麵團**　將高筋麵粉放入 2 攪拌至看不見麵粉顆粒為止，以保鮮膜包覆攪拌盆並在室溫下靜置 15 分鐘。

4 **折疊麵團**　雙手沾水後拉扯並折疊完成靜置的麵團，以 90° 旋轉攪拌盆並折疊八次，靜置 15 分鐘。重複五次靜置／折疊的動作。

＊冷藏發酵時只須折疊四次，放在冰箱中低溫熟成 12 ～ 18 小時。

 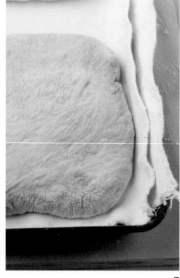 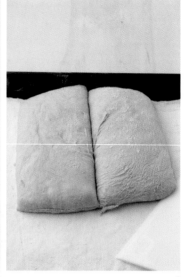

6   7   8

5 **第一階段發酵**　再次以保鮮膜包覆折疊後變得光滑的麵團，並在 25 ～ 27℃的環境下靜置 60 ～ 90 分鐘進行第一階段發酵。

6 **塑形**　麵團膨脹成兩倍大時，將麵團放到工作台上，撒上麵粉後整理成正方形。

7 **中途發酵**　將麵團放在撒好麵粉的帆布上，以保鮮膜覆蓋麵團並在 22 ～ 24℃的環境下進行 30 分鐘的中途發酵。

8 **第二階段發酵**　將中途發酵完成的麵團放在撒好麵粉的工作台上，以刮板修整麵團邊緣。將麵團分割成三等分後移至烘焙紙上，以保鮮膜覆蓋麵團並放在 22 ～ 24℃的環境下靜置 20 ～ 30 分鐘進行第二階段發酵。

＊從第一階段發酵結束時就要小心避免麵團的氣體流失，如此一來才能縮短第二階段的發酵時間，麵團的切面也才會整齊好看。

10-1　　　　　　　　　　　　　　　　　　　　10-2

9　**烘烤**　麵團膨脹至 1.8 ～ 2 倍大時，把麵團放入以 240℃預熱的烤箱中，再將熱水倒在石頭上製造蒸氣並烘烤 9 ～ 10 分鐘。

10 **放入內餡**　巧巴達出爐冷卻後，縱向剖半，抹上紅豆餡與薄切奶油。

＋使用新鮮艾草製作麵包

韓國 3 ～ 4 月時處處都可以看到艾草。將艾草撕碎汆燙後和清水一起打成泥可取代艾草粉，讓麵團充滿新鮮艾草的濃濃香氣。

橄欖巧巴達

Olive ciabatta

巧巴達麵包三明治或帕尼尼（Panini）都是相當受歡迎的早午餐選擇。試著在巧巴達麵團中放入香氣四溢的橄欖吧！另外，用充滿嚼勁的風乾番茄或香氣迷人的羅勒來取代橄欖，也很美味。

240℃ | 9 ～ 10 分鐘 | 份量：2 個

3　　　　　　　　6　　　　　　　　7　　　　　　　　8

食材

高筋麵粉 250 公克

水 200 毫升

橄欖片 100 公克

橄欖油 10 公克

食鹽 5 公克

乾燥酵母 1 公克

1　**混合水、酵母**　將乾燥酵母放入水中靜置 1 分鐘後，混合均勻。

2　**混合食鹽、橄欖油**　將食鹽放入 1 中溶解後，放入橄欖油和橄欖片，以刮刀混合均勻。

3　**混合麵粉，靜置麵團**　將高筋麵粉放入 2，以刮刀攪拌至看不見麵粉顆粒為止，以保鮮膜包覆攪拌盆並在室溫下靜置 15 分鐘。

4　**折疊麵團**　雙手沾水後拉扯並折疊完成靜置的麵團，以 90° 旋轉攪拌盆並折疊八次，靜置 15 分鐘。重複五次靜置／折疊的動作。

＊冷藏發酵時只須折疊四次，放在冰箱中低溫熟成 12 ～ 18 小時。

5　**第一階段發酵**　再次以保鮮膜包覆折疊後變得光滑的麵團，並在 25 ～ 27℃的環境下靜置 60 ～ 90 分鐘進行第一階段發酵。

6　**塑形**　麵團膨脹成兩倍大時，取出麵團並撒上麵粉後整理成正方形。

7　**中途發酵**　將麵團放在撒好麵粉的帆布上，以保鮮膜覆蓋麵團並在 22 ～ 24℃的環境下進行 30 分鐘的中途發酵。

8　**第二階段發酵**　將中途發酵完成的麵團放在撒好麵粉的工作台上，以刮板修整麵團邊緣。將麵團分割成二等分後移至烘焙紙上，再以保鮮膜覆蓋麵團並放在 22 ～ 24℃的環境下靜置 20 ～ 30 分鐘進行第二階段發酵。

＊從第一階段發酵結束時就要小心避免麵團的氣體流失，如此一來才能縮短第二階段的發酵時間，麵團的切面也才會整齊好看。

9　**烘烤**　麵團膨脹至 1.8 ～ 2 倍大時，把麵團放入預熱好的烤箱中，再將熱水倒在石頭上製造蒸氣並烘烤 9 ～ 10 分鐘。

巧克力麵包

Chocolate bread

巧克力容易被認為和健康麵包不搭，然而黑麥麵團加上以法芙娜可可粉、黑巧克力及胡桃製作而成的巧克力麵包卻會帶來全新的味覺享受，和一般甜膩的巧克力麵包完全不同。

3　　　　　　　6　　　　　　　7　　　　　　　9

食材

高筋麵粉 205 公克

黑麥麵粉 30 公克

水 180 毫升

可可粉 15 公克

黑巧克力 70 公克

胡桃 30 公克

芥花油 10 公克

黑砂糖 15 公克

食鹽 5 公克

乾燥酵母 1 公克

1　**混合水、酵母**　將乾燥酵母放入水中靜置 1 分鐘後，混合均勻。

2　**混合黑砂糖、食鹽、芥花油**　將黑砂糖和食鹽放入 1 中溶解後，倒入芥花油以刮刀混合均勻。最後放入黑麥麵粉和可可粉一起混合均勻。

3　**混合黑巧克力、胡桃、麵粉**　將切碎的黑巧克力以及胡桃放入 2 中稍微攪拌後，放入高筋麵粉以刮刀攪拌至看不見麵粉顆粒為止。接著以保鮮膜包覆攪拌盆並在室溫下靜置 15 分鐘。

4　**折疊麵團**　雙手沾水後拉扯並折疊完成靜置的麵團，以 90° 旋轉攪拌盆並折疊八次，靜置 15 分鐘。重複五次靜置／折疊的動作。

5　**第一階段發酵**　以保鮮膜包覆麵團並在 26℃左右靜置 30 ～ 60 分鐘。

　＊冷藏發酵時只須折疊四次，然後放在冰箱中低溫熟成 12 ～ 18 小時。

6　**將麵團分割成三等分，進行中途發酵**　麵團膨脹成兩倍大時，取出麵團並分割成三等分，將麵團的四角往中心折成圓形，再以保鮮膜覆蓋麵團並在室溫下進行 20 分鐘的中途發酵。

7　**塑形**　取出中途發酵完成的麵團倒過來，放在撒好麵粉的工作台上。先輕輕揉捲麵團以避免氣體流失，再輕輕貼合麵團接合處，整理成橢圓形後充分撒上麵粉。

8　**第二階段發酵**　將麵團接合處朝上放在撒好麵粉的帆布上，再以保鮮膜覆蓋麵團並放在 22 ～ 24℃的環境下靜置 40 ～ 50 分鐘進行第二階段發酵。

9　**烘烤**　麵團膨脹至 1.8 ～ 2 倍大時，移至烘焙紙上，劃出刀痕，放入以 240℃預熱的烤箱中，再將熱水倒在石頭上製造蒸氣並烘烤 20 分鐘。

菠菜麵包

Spinach bread

切開麵包，清新的草綠色立刻映入眼簾，就算是不喜歡菠菜的小孩子也會馬上愛上菠菜麵包。如果沒有菠菜也可以試著使用羽衣甘藍（kale）或是芝麻菜（rucola）打成泥增添色彩。

1　　　　　　7　　　　　　8　　　　　　10

食材

高筋麵粉 250 公克

橄欖油 12 公克

食鹽 5 公克

乾燥酵母 1 公克

菠菜 80 公克

水 180 毫升

1 **製作菠菜水**　汆燙菠菜，連水一起放入食物處理機中攪打，過篩做成菠菜汁。

　＊菠菜汁需要 190 毫升，若不足需要稍微添加一些水。

2 **混合菠菜汁、酵母**　將乾燥酵母放入菠菜汁中靜置 1 分鐘後，混合均勻。

3 **混合食鹽、橄欖油**　將食鹽放入 2 中，加入橄欖油以刮刀混合均勻。

4 **製作並靜置麵團**　將高筋麵粉放入 3 中以刮刀攪拌至看不見麵粉顆粒為止，以保鮮膜包覆攪拌盆並在室溫下靜置 15 分鐘。

5 **折疊麵團**　雙手沾水後拉扯並折疊完成靜置的麵團，以 90°旋轉攪拌盆並折疊八次，靜置 15 分鐘。重複五次靜置／折疊的動作。

　＊冷藏發酵時只須折疊四次，然後放在冰箱中低溫熟成 12 ～ 18 小時。

6 **第一階段發酵**　以保鮮膜包覆麵團並在 26℃左右靜置 30 ～ 60 分鐘。

7 **進行中途發酵**　麵團膨脹成兩倍大時，取出麵團並分割成二等分。將麵團的四角往中心折成圓形後，在室溫下進行 20 分鐘的中途發酵。

8 **塑形**　取出完成中途發酵的麵團，倒過來放在撒好麵粉的工作台上。先輕輕揉捲麵團以避免氣體流失，再將麵團揉整成橢圓形並撒上麵粉。

9 **第二階段發酵**　將麵團接合處朝上放在撒好麵粉的帆布上，再以保鮮膜覆蓋麵團並放在 22 ～ 24℃的環境下靜置 40 ～ 50 分鐘進行第二階段發酵。

10 **烘烤**　麵團膨脹至 1.8 ～ 2 倍大時，把麵團移至烘焙紙上並劃出刀痕，放入預熱好的烤箱中，再將熱水倒在石頭上製造蒸氣並烘烤 20 分鐘。

小麥草柿餅麵包

Wheat sprouted bread with dried persimmon

小麥草柿餅麵包在麵團中添加了抗氧化效果卓越的小麥草粉，再放入松子和柿餅，是充滿韓風的麵包。可以放入冷凍半乾燥的柿餅或是乾燥的柿乾調整口感。

  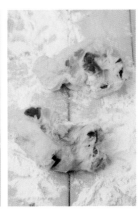 

3　　　　　　　5　　　　　　　6　　　　　　　8

食材

高筋麵粉 243 公克

水 195 毫升

松子 80 公克

柿餅 100 公克

小麥草粉 7 公克

楓糖漿 10 公克

橄欖油 10 公克

食鹽 5 公克

乾燥酵母 1 公克

1 **混合水、酵母**　將乾燥酵母放入水中靜置 1 分鐘後，混合均勻。

2 **混合食鹽、楓糖漿、小麥草粉**　將食鹽和楓糖漿放入 1 中溶解後，放入小麥草粉以刮刀混合均勻。

3 **製作並靜置麵團**　將橄欖油放入 2 中混合均勻，再放入高筋麵粉、松子、切成丁狀的柿餅後攪拌至看不見麵粉顆粒為止，以保鮮膜包覆攪拌盆並在室溫下靜置 15 分鐘。

4 **折疊麵團**　雙手沾水後拉扯並折疊完成靜置的麵團，以 90°旋轉攪拌盆並折疊八次，靜置 15 分鐘。重複五次靜置／折疊的動作。

　＊冷藏發酵時只須折疊四次，放在冰箱中低溫熟成 12 ～ 18 小時。

5 **第一階段發酵**　再次以保鮮膜包覆折疊後變得光滑的麵團，並在 25 ～ 27℃的環境下靜置 60 ～ 90 分鐘進行第一階段發酵。

6 **將麵團分割成二等分，進行中途發酵**　麵團膨脹成兩倍大時，取出麵團並分割成二等分。將麵團的四角往中心折成圓形後，以保鮮膜覆蓋麵團並在室溫下進行 20 分鐘的中途發酵。

7 **塑形**　將完成中途發酵的麵團放在撒好麵粉的工作台上，先輕輕揉捲麵團以避免氣體流失，再將麵團揉整成稍長的形狀後撒上麵粉。

8 **第二階段發酵**　將麵團接合處朝上放在法國長棍麵包烤盤上，再以保鮮膜覆蓋麵團並放在 22 ～ 24℃的環境下靜置 40 ～ 50 分鐘發酵。

9 **烘烤**　麵團膨脹至 1.8 ～ 2 倍大時劃出刀痕，把麵團放入預熱好的烤箱中，再將熱水倒在石頭上製造蒸氣並烘烤 20 分鐘。

chapter 3

發酵蛋糕

發酵蛋糕的製作入門

發酵蛋糕和我們熟知的奶油蛋糕或戚風蛋糕不同，口感雖然較乾澀，但口味清淡，甜度比一般蛋糕少，又比麵包柔軟，可以毫無負擔地當作早餐享用。發酵蛋糕的製作方法簡便，不需要像其他蛋糕一樣打發食材。睡前將所有食材以刮刀輕鬆混合均勻，隔天早上將發酵好的麵糊倒入烤盤中烘烤就完成了。

> *Steps*　混合液體食材→酵母放入液體中溶解→混合食用油→混合粉類食材→進行
> 發酵→放入烤箱烘烤

準備道具：攪拌盆、磅秤、矽膠刮刀、烤箱、磅蛋糕模具

---

step 1

混合液體食材

1　牛奶放入攪拌盆中秤重。
2　以刮刀打散雞蛋，將雞蛋和牛奶混合均勻。

Tip 1. 可以使用其他食材取代牛奶嗎？

使用牛奶製作發酵蛋糕味道會更香濃柔和。無法使用牛奶時，可以使用杏仁奶或豆漿取代牛奶。

Tip 2. 一定要使用雞蛋嗎？

蛋黃中的卵磷脂是天然乳化劑，可使水和油脂成分均勻混合，做出更加柔軟的口感。若無法食用雞蛋或想做出比較特別的蛋糕時，可以試著將地瓜或南瓜蒸熟後壓成泥，取代雞蛋。另外，使用食用油取代奶油，也可做出多數蛋糕柔軟溼潤的口感。

將酵母放入液體中溶解

3 將乾燥酵母放入混合均勻的雞蛋牛奶中靜置 5 分鐘。若是一放入酵母便攪拌，酵母會結塊。

4 酵母在液體中溶解並開始沉澱時，使用刮刀慢慢攪拌使酵母充分溶解。

Tip 3. 製作發酵蛋糕時要使用哪種酵母？

酵母大致可分為新鮮酵母、乾燥酵母、半乾燥酵母三大類。使用新鮮酵母時，用量需為乾燥酵母的兩倍，使用雙手攪拌。新鮮酵母記得分成小塊，好讓新鮮酵母可以充分溶解。半乾燥酵母的水分介於乾燥酵母和新鮮酵母之間，所以需要冷凍保存。此外，半乾燥酵母的易溶度僅次於新鮮酵母，方便使用。發酵蛋糕的砂糖含量較高，因此使用半乾燥酵母或乾燥酵母時，須使用高糖酵母粉才能順利發酵。

混合食用油

5 將砂糖和食鹽放入 4 中溶解。

6 待看不見砂糖顆粒時，即可倒入食用油混合均勻。

混合粉類食材

7　將麵粉放入 6 中以刮刀攪拌至麵糊光滑沒有結塊為止。

Tip 4. 使用其他粉類食材時，何時才可以放入麵糊中？

想要添加綠茶粉或可可粉製作蛋糕時，可以在這個階段加入麵糊中。添加粉類食材時，若過度攪拌會產生麩質蛋白，口感也會變硬，所以輕輕攪拌至食材均勻混合是製作時的重點。

進行發酵

8　所有材料都混合均勻後，使用保鮮膜包覆攪拌盆避免水份流失，並在室溫（15 ～ 25℃）下發酵一夜。

9　麵糊膨脹至三倍大時，表面會產生許多氣泡，若中間呈稍微要陷落的狀態便表示發酵完成。發酵時間會隨溫度和環境變化，因此需要視狀況判斷發酵是否完成。

10　以刮刀輕輕攪拌發酵完成的麵團並排除氣體。製作發酵蛋糕時，因為沒有第二階段發酵，若排出過多氣體，口感會變得乾硬，需要特別留意。萬一排出過多氣體，可將麵糊倒入烤盤中，放在溫暖處靜置一小時後再烘烤。使用天然酵母發酵時，省略排除氣體的步驟，直接將麵糊倒入烤盤中。

Tip 5. 發酵蛋糕的麵糊要如何發酵？

本書中介紹的方法是在 15 ～ 18℃的環境下發酵約 8 小時。夏季溫度較高而發酵速度較快的情況下，可以直接使用麵糊或在室溫下靜置 1 ～ 2 小時待麵糊開始發酵時，再放入冰箱低溫發酵 12 ～ 18 小時，如此便可做出味道更豐富的蛋糕。若想省略低溫發酵過程，改進行長時間熟成，可將酵母用量減少為 1/3 ～ 1/5，並在 25℃的環境下熟成六小時。

Tip 6. 如何使用天然酵母取代乾燥酵母

使用天然酵母取代乾燥酵母時，放入 50 公克發酵狀態最活潑的天然酵母進行發酵。發酵蛋糕的砂糖用量多、發酵速度較慢，因此要放在 25 ～ 27℃的環境下促進發酵。

---

step 6

放入烤箱烘烤

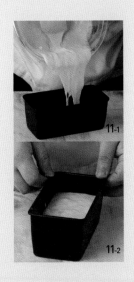

11-1

11-2

11 麵糊稍微排除氣體後，倒入磅蛋糕模具中，再放入以 180℃預熱的烤箱中烘烤 25 分鐘。以牙籤戳刺蛋糕做確認，若麵糊不會附著在牙籤上即表示烘烤完成。

原味發酵蛋糕

Plain yeasted cake

使用最簡單的基本麵糊製作而成，可以享受到發酵蛋糕清淡的滋味。試著在前一天預先混合所有食材，隔天早晨準備上班前輕鬆烤出蛋糕吧！

200℃ | 25 分鐘 | 份量：1 個 16*7.5*6.5 cm 的磅蛋糕模具

1　　　　　　3　　　　　　4　　　　　　5

食材

中筋麵粉 125 公克

砂糖 35 公克

食鹽 1 公克

牛奶 100 毫升

乾燥酵母 2 公克

芥花油 37 公克

雞蛋 50 公克（1 顆）

1 **混合牛奶、雞蛋、酵母**　以刮刀混合牛奶與雞蛋，將乾燥酵母放入蛋液中靜置 5 分鐘，酵母開始沉澱時，將酵母與蛋液混合均勻。

2 **混合砂糖、食鹽、芥花油**　將砂糖和食鹽放入 1 中混合後，倒入芥花油一起打發。

3 **混合麵粉**　將中筋麵粉放入 2 中攪拌至看不見麵粉顆粒為止。

4 **進行發酵**　以保鮮膜包覆攪拌盆後，放在 15 ～ 25℃的室溫環境下發酵 4 小時或隔夜，直到麵團膨脹至三倍大且表面產生許多氣泡為止。

＊在 15 ～ 18℃的室溫環境下靜置一夜便可發酵至適當程度，然而夏季氣溫較高時，將麵糊短暫放在室溫環境靜置後，再放入冰箱冷藏，發酵效果較好。需要特別留意的是，麵糊若過度發酵，蛋糕的風味會變差。

5 **放入烤箱烘烤**　以刮刀稍微排除麵糊內的氣體後，倒入磅蛋糕模具中，將烤箱溫度降至 180℃後烘烤 25 分鐘。

＊烤箱門開關時溫度會下降，因此先以 200℃預熱再以 180℃烘烤。

＋製作發酵蛋糕要使用哪種麵粉？

製作發酵蛋糕時可以使用韓國產麵粉或是其他麵粉取代中筋麵粉。使用低筋麵粉製作發酵蛋糕時麵糊會較稀，蛋糕的口感會更輕盈柔軟；使用高筋麵粉時，可做出質感較重且富有嚼勁的發酵蛋糕。

香蕉核桃蛋糕

Banana & walnut yeasted cake

不妨拿放了太久而表面變黑的香蕉，壓成泥加入麵團做成發酵蛋糕吧！讓隱隱散發出來的香蕉香氣充滿家中。另外，只要放上稍微烘烤過的核桃，就算不使用泡打粉也可以做出鬆軟的香蕉蛋糕。

200℃ | 25 分鐘 | 份量：1 個 16*7.5*6.5 cm 的磅蛋糕模具

1

3

4

5

食材

中筋麵粉 125 公克

砂糖 33 公克

食鹽 1 公克

牛奶 60 毫升

香蕉 2/3 根（70 公克）

乾燥酵母 2 公克

芥花油 35 公克

雞蛋 50 公克（1 顆）

碎核桃 40 公克

1 **混合牛奶、香蕉、雞蛋、酵母** 牛奶和香蕉混合均勻後壓成泥，加入雞蛋打散，再將乾燥酵母放入蛋液中靜置 5 分鐘。當酵母開始沉澱時，將酵母與蛋液混合均勻。

2 **混合砂糖、食鹽、核桃、芥花油** 將砂糖、食鹽以及核桃放入 1 中輕輕攪拌後，倒入芥花油一起打發。

3 **混合麵粉** 將中筋麵粉放入 2 中攪拌至看不見麵粉顆粒為止。

4 **進行發酵** 以保鮮膜包覆攪拌盆後，放在 15～25℃ 的室溫環境下發酵 4 小時或隔夜，直到麵團膨脹至三倍大且表面產生許多氣泡為止。

＊在 15～18℃ 的室溫環境下靜置一夜便可發酵至適當程度，然而夏季氣溫較高時，將麵糊短暫放在室溫環境靜置後，再放入冰箱冷藏，發酵效果較好。需要特別留意的是，麵糊若過度發酵，蛋糕的風味會變差。

5 **放入烤箱烘烤** 以刮刀稍微排除麵糊內的氣體，然後倒入磅蛋糕模具中，將烤箱溫度降至 180℃ 後烘烤 25 分鐘。

＊烤箱門開關時溫度會下降，因此先以 200℃ 預熱再以 180℃ 烘烤。

胡蘿蔔蛋糕

Carrot yeasted cake

說到胡蘿蔔和葡萄乾的口感，就會聯想到可口的胡蘿蔔蛋糕。不須使用泡打粉，只要透過發酵就可輕鬆做出簡便、營養又滋味豐富的超人氣胡蘿蔔蛋糕。

200℃ | 25 分鐘 | 份量：1 個 16*7.5*6.5 cm 的磅蛋糕模具

1

3

5

6

食材

中筋麵粉 125 公克

砂糖 33 公克

食鹽 1 公克

煉乳 10 公克

胡蘿蔔 1 根（300 公克）

乾燥酵母 2 公克

芥花油 35 公克

雞蛋 50 公克（1 顆）

葡萄乾 50 公克

1 **處理胡蘿蔔** 胡蘿蔔洗淨後，其中的 2/3 放入榨汁機，過篩做成 90 毫升的胡蘿蔔汁，剩下的 1/3 切絲。

2 **混合胡蘿蔔汁、煉乳、雞蛋、酵母** 胡蘿蔔汁、煉乳和雞蛋混合均勻後，將乾燥酵母放入蛋液中靜置 5 分鐘，再將酵母與蛋液混合均勻。

3 **混合砂糖、食鹽、葡萄乾、胡蘿蔔** 將砂糖和食鹽放入 2 中輕輕混合後，放入葡萄乾和胡蘿蔔絲一起攪拌。再倒入芥花油一起打發。

4 **混合麵粉** 將中筋麵粉放入 3 中攪拌至看不見麵粉顆粒為止。

5 **進行發酵** 以保鮮膜包覆攪拌盆後，放在 15 ～ 25℃的室溫環境下發酵 4 小時或隔夜，直到麵團膨脹至三倍大且表面產生許多氣泡為止。

＊在 15 ～ 18℃的室溫環境下靜置一夜便可發酵至適當程度，然而夏季氣溫較高時，將麵糊短暫放在室溫環境靜置後，再放入冰箱冷藏，發酵效果較好。需要特別留意的是，麵糊若過度發酵，蛋糕的風味會變差。

6 **放入烤箱烘烤** 以刮刀稍微排除麵糊內的氣體後倒入磅蛋糕模具中，鋪上胡蘿蔔塊裝飾，將烤箱溫度降至 180℃後烘烤 25 分鐘。

＊烤箱門開關時溫度會下降，因此先以 200℃預熱再以 180℃烘烤。

＋使用其他模具

想使用其他尺寸的磅蛋糕模具或是其他造型模具烘烤蛋糕時，將食材份量增加為兩倍並製作成麵糊，倒入模具至六成滿再烘烤即可。

綠茶紅豆蛋糕

Green tea & red bean yeasted cake

紅豆與綠茶相當契合,日本甚至有食用紅豆餡點心時,就要搭配綠茶一起飲用的文化。富含抗氧化成分「兒茶素」的綠茶和紅豆一起成就了營養滿點又美味的蛋糕。

200℃ | 25 分鐘 | 份量：1 個 16*7.5*6.5 cm 的磅蛋糕模具

1

3

5

6

食材

中筋麵粉 115 公克

綠茶粉 10 公克

砂糖 37 公克

食鹽 1 公克

豆漿 100 毫升

乾燥酵母 2 公克

芥花油 35 公克

雞蛋 50 公克（1 顆）

紅豆 80 公克

1 **水煮紅豆**　紅豆洗淨後放入小鍋煮至表皮緊繃且充滿彈性。倒除鍋中的水再注入一次清水，煮到紅豆變得柔軟後備用。

2 **混合豆漿、雞蛋、酵母**　混合豆漿與雞蛋，將乾燥酵母放入蛋液中靜置 5 分鐘，酵母開始沉澱時，將酵母與蛋液混合均勻。

3 **混合砂糖、食鹽、綠茶粉、紅豆**　將砂糖和食鹽放入 2 中混合後，倒入綠茶粉和煮好的紅豆輕輕拌勻。再倒入芥花油一起打發。

4 **混合麵粉**　將中筋麵粉放入 3 中攪拌至看不見麵粉顆粒為止。

5 **進行發酵**　以保鮮膜包覆攪拌盆後，放在 15 ～ 25℃的室溫環境下發酵 4 小時或隔夜，直到麵團膨脹至三倍大且表面產生許多氣泡為止。

＊在 15 ～ 18℃的室溫環境下靜置一夜便可發酵至適當程度，然而夏季氣溫較高時，將麵糊短暫放在室溫環境靜置後，再放入冰箱冷藏，發酵效果較好。需要特別留意的是，麵糊若過度發酵，蛋糕的風味會變差。

6 **放入烤箱烘烤**　以刮刀稍微排除麵糊內的氣體後倒入磅蛋糕模具中，將烤箱溫度降至 180℃後烘烤 25 分鐘。

＊烤箱門開關時溫度會下降，因此先以 200℃預熱再以 180℃烘烤。

＋製作蛋糕時要使用何種綠茶產品？

蛋糕的顏色會隨著使用的綠茶粉種類不同而有變化。若想要製作色澤柔和且溫婉的蛋糕，可使用韓國綠茶粉；若想要做出顏色鮮明亮麗的綠色蛋糕可使用日本抹茶。

火腿蔬菜蛋糕

Ham & vegetable yeasted cake

火腿蔬菜蛋糕添加了滿滿的馬鈴薯、胡蘿蔔、洋蔥和香腸，營養滿點。沒有時間準備早餐的忙碌早晨，只要切一塊火腿蔬菜蛋糕放入口中就是充實的一餐！

1   5   6   7

食材

中筋麵粉 125 公克

砂糖 20 公克

食鹽 1 公克

牛奶 100 毫升

乾燥酵母 2 公克

芥花油 37 公克

雞蛋 50 公克（1 顆）

香腸 50 公克

馬鈴薯 1/3 個

胡蘿蔔 1/4 個

洋蔥 1/4 個

黑胡椒粉 少許

咖哩粉 少許

橄欖油 少許

1 **混合牛奶、雞蛋、酵母** 牛奶與雞蛋混合均勻，將乾燥酵母放入蛋液中靜置 5 分鐘，酵母開始沉澱時，將酵母與蛋液混合均勻。

2 **混合砂糖、食鹽、芥花油** 將砂糖和食鹽放入 1 中混合後，倒入芥花油一起打發。

3 **混合麵粉** 將中筋麵粉放入 2 中攪拌至看不見麵粉顆粒為止。

4 **進行發酵** 以保鮮膜包覆攪拌盆後，放在 15 ～ 25℃的室溫環境下發酵 4 小時或隔夜，直到麵團膨脹至三倍大且表面產生許多氣泡為止。

 ＊在 15 ～ 18℃的室溫環境下靜置一夜便可發酵至適當程度，然而夏季氣溫較高時，將麵糊短暫放在室溫環境靜置後，再放入冰箱冷藏，發酵效果較好。需要特別留意的是，麵糊若過度發酵，蛋糕的風味會變差。

5 **拌炒蔬菜、香腸** 將馬鈴薯、胡蘿蔔、洋蔥、香腸切成 1 公分大小的丁狀。橄欖油倒入鍋中後，放入洋蔥翻炒，待洋蔥炒至金黃色時放入胡蘿蔔、馬鈴薯、香腸，以中火繼續翻炒 2 分鐘。

6 **調味後放入麵糊中** 蔬菜和香腸撒上胡椒粉和咖哩粉調味後放涼，等蔬菜和香腸溫度降低後，放入發酵完成的麵糊中稍微攪拌。

7 **放入烤箱烘烤** 攪拌好的麵糊倒入磅蛋糕模具後，將烤箱溫度降至 180℃並烘烤 25 分鐘。

 ＊烤箱門開關時溫度會下降，因此先以 200℃預熱再以 180℃烘烤。

地瓜蛋糕

Sweet potato yeasted cake

蛋糕裡滿滿地放入富含纖維質的地瓜，只吃幾塊就相當飽足。這份食譜添加了黑麥麵粉，麥香更濃郁，讓人覺得吃了之後變得好健康。

200℃｜25 分鐘｜份量：1 個 16*7.5*6.5 cm 的磅蛋糕模具

1　　　　　4　　　　　5　　　　　6

食材

中筋麵粉 100 公克

黑麥麵粉 25 公克

蜂蜜 37 公克

食鹽 1 公克

豆漿 100 毫升

乾燥酵母 2 公克

芥花油 35 公克

雞蛋 50 公克（1 顆）

地瓜 1 個（120 公克）

水煮地瓜切片 適量

1　**地瓜蒸煮後切塊**　地瓜洗淨後放入蒸籠中蒸煮 30 分鐘。蒸好的地瓜削去外皮徹底放涼後，切成 2 公分大小的塊狀。

2　**混合豆漿、雞蛋、酵母**　混合豆漿與雞蛋，將乾燥酵母放入蛋液中靜置 5 分鐘，酵母開始沉澱時，將酵母與蛋液混合均勻。

3　**混合蜂蜜、食鹽、芥花油**　將蜂蜜和食鹽放入 2 中以刮刀輕輕攪拌後，倒入芥花油一起打發。

4　**混合粉類食材、地瓜**　將中筋麵粉和黑麥麵粉放入 3 中攪拌至看不見麵粉顆粒為止，再放入切好的地瓜混合均勻。

5　**進行發酵**　以保鮮膜包覆攪拌盆後，放在 15 ～ 25℃的室溫環境下發酵 4 小時或隔夜，直到麵團膨脹至三倍大且表面產生許多氣泡為止。

＊在 15 ～ 18℃的室溫環境下靜置一夜便可發酵至適當程度，然而夏季氣溫較高時，將麵糊短暫放在室溫環境靜置後，再放入冰箱冷藏，發酵效果較好。需要特別留意的是，麵糊若過度發酵，蛋糕的風味會變差。

6　**放入烤箱烘烤**　以刮刀稍微排除麵糊內的氣體後，倒入磅蛋糕模具中，水煮地瓜切成圓形片狀放在麵糊上裝飾，將烤箱溫度降至 180℃後烘烤 25 分鐘。

＊烤箱門開關時溫度會下降，因此先以 200℃預熱再以 180℃烘烤。

蘋果蛋糕

Apple yeasted cake

用蘋果丁點綴的麵糊，烘烤成口感濕潤的蘋果蛋糕，加上濃濃的肉桂香氣，作為下午茶點心非常完美。若先以奶油和砂糖熬煮蘋果，更增添風味。

200℃ | 25 分鐘 | 份量：1 個 16*7.5*6.5 cm 的磅蛋糕模具

1

4

5

6

食材

中筋麵粉 125 公克

蜂蜜 35 公克

食鹽 1 公克

牛奶 100 毫升

乾燥酵母 2 公克

芥花油 37 公克

雞蛋 50 公克（1 顆）

肉桂粉 5 公克

蘋果 1/2 顆

1 **混合牛奶、雞蛋、酵母** 混合牛奶與雞蛋，將乾燥酵母放入蛋液中靜置 5 分鐘，酵母開始沉澱時，將酵母與蛋液混合均勻。

2 **混合蜂蜜、食鹽、芥花油** 將蜂蜜和食鹽放入 1 中輕輕混合後，倒入芥花油一起打發。

3 **混合粉類食材** 將肉桂粉和中筋麵粉放入 2 中攪拌至看不見麵粉顆粒為止。

4 **蘋果切丁放入麵糊中** 將蘋果切成 2 公分大的小丁後放入麵糊中混合。

5 **進行發酵** 以保鮮膜包覆攪拌盆後，放在 15～25℃的室溫環境下發酵 4 小時或隔夜，直到麵團膨脹至三倍大且表面產生許多氣泡為止。

　＊在 15～18℃的室溫環境下靜置一夜便可發酵至適當程度，然而夏季氣溫較高時，將麵糊短暫放在室溫環境靜置後，再放入冰箱冷藏，發酵效果較好。需要特別留意的是，麵糊若過度發酵，蛋糕的風味會變差。

6 **放入烤箱烘烤** 以刮刀稍微排除麵糊內的氣體後倒入磅蛋糕模具中，放上薄切蘋果片裝飾，將烤箱溫度降至 180℃並烘烤 25 分鐘。

　＊烤箱門開關時溫度會下降，因此先以 200℃預熱再以 180℃烘烤。

椰香蔓越莓蛋糕

Coconut & cranberry yeasted cake

融合異國風情的椰奶及酸甜滋味的蔓越莓，是口感柔和的創新蛋糕。椰奶是椰子果肉打碎榨出的果汁，可用來取代牛奶。沒有蔓越莓時，也可以嘗試使用熱帶水果乾。

200℃ │ 25 分鐘│ 份量：1 個 16*7.5*6.5 公分的磅蛋糕模具

1

3

4

5

食材

中筋麵粉 125 公克

椰糖 35 公克

食鹽 1 公克

椰奶 100 毫升

乾燥酵母 2 公克

芥花油 35 公克

雞蛋 50 公克（1 顆）

椰子絲 30 公克

蔓越莓 50 公克

1　**混合椰奶、雞蛋、酵母**　混合椰奶與雞蛋，將乾燥酵母放入蛋液中靜置 5 分鐘，酵母開始沉澱時，將酵母與蛋液混合均勻。

2　**混合椰糖、食鹽、芥花油**　將椰糖和食鹽放入 1 中輕輕混合後，倒入芥花油一起打發。

3　**混合水果、麵粉**　將椰子絲和蔓越莓放入 2 中混合後，加入中筋麵粉攪拌至看不見麵粉顆粒為止。

4　**進行發酵**　以保鮮膜包覆攪拌盆後，放在 15 ～ 25℃的室溫環境下發酵 4 小時或隔夜，直到麵團膨脹至三倍大且表面產生許多氣泡為止。

＊在 15 ～ 18℃的室溫環境下靜置一夜便可發酵至適當程度，然而夏季氣溫較高時，將麵糊短暫放在室溫環境靜置後，再放入冰箱冷藏，發酵效果較好。需要特別留意的是，麵糊若過度發酵，蛋糕的風味會變差。

5　**放入烤箱烘烤**　以刮刀稍微排除麵糊內的氣體後，倒入磅蛋糕模具中，撒上椰子絲和蔓越莓裝飾，將烤箱溫度降至 180℃並烘烤 25 分鐘。

＊烤箱門開關時溫度會下降，因此先以 200℃預熱再以 180℃烘烤。

＋哪裡可以買得到椰糖？

獨特的焦糖香氣和鮮甜滋味是椰糖的特徵。椰糖也稱為「Gula Merah」，可以在進口食品行購得。東南亞地區使用椰糖取代砂糖，是一種天然甘味料。沒有椰糖時也可以使用紅糖這類未精鍊的砂糖。

無花果全麥蛋糕

Wholemeal yeasted cake with fig

以完整小麥研磨製成的全麥麵粉，加上富含膳食纖維和維他命的無花果製作而成。充滿嚼勁的無花果和緩了全麥麵粉的粗糙口感，變成了順口又健康的蛋糕。

200℃ ｜ 25 分鐘 ｜ 份量：1 個 16*7.5*6.5 cm 的磅蛋糕模具

1　　　　　　　　4　　　　　　　　5　　　　　　　　6

食材

中筋麵粉 75 公克

全麥麵粉 50 公克

砂糖 35 公克

食鹽 1 公克

牛奶 100 毫升

乾燥酵母 2 公克

芥花油 35 公克

雞蛋 50 公克（1 顆）

半乾燥無花果 80 公克

1 **無花果切塊**　將半乾燥的無花果切成四等分。

2 **混合牛奶、雞蛋、酵母**　混合牛奶與雞蛋，將乾燥酵母放入蛋液中靜置 5 分鐘，酵母開始沉澱時，將酵母與蛋液混合均勻。

3 **混合砂糖、食鹽、芥花油**　將砂糖和食鹽放入 2 中以刮刀輕輕混合後，倒入芥花油一起打發。

4 **混合粉類食材、無花果**　將全麥麵粉放入 3 中輕輕攪拌後，先後放入半乾燥無花果、中筋麵粉攪拌至看不見麵粉顆粒為止。

5 **進行發酵**　以保鮮膜包覆攪拌盆後，放在 15 ～ 25℃的室溫環境下發酵 4 小時或隔夜，直到麵團膨脹至三倍大且表面產生許多氣泡為止。

＊在 15 ～ 18℃的室溫環境下靜置一夜便可發酵至適當程度，然而夏季氣溫較高時，將麵糊短暫放在室溫環境靜置後，再放入冰箱冷藏，發酵效果較好。需要特別留意的是，麵糊若過度發酵，蛋糕的風味會變差。

6 **放入烤箱烘烤**　以刮刀稍微排除麵糊內的氣體後，倒入磅蛋糕模具中，放上半乾燥無花果裝飾，將烤箱溫度降至 180℃並烘烤 25 分鐘。

＊烤箱門開關時溫度會下降，因此先以 200℃預熱再以 180℃烘烤。

＋將乾燥的無花果變得充滿嚼勁的方法

徹底乾燥成堅硬狀態的無花果不方便用於製作麵包。這時把 200 公克無花果、150 毫升清水、50 公克砂糖放入小鍋中將無花果煮軟，無花果就會變得充滿嚼勁。

果乾蛋糕

Spice cake with dried fruits

西方人通常會在聖誕節等特別的日子使用豐富水果乾製作果乾蛋糕。果乾蛋糕中若放入肉桂、肉豆蔻、小豆蔻等辛香料可烘托出水果的香甜風味。

200℃ | 25 分鐘 | 份量：1 個 16*7.5*6.5 cm 的磅蛋糕模具

3

4

6

7

食材

中筋麵粉 100 公克

全麥麵粉 25 公克

黑砂糖 40 公克

食鹽 1 公克

牛奶 100 毫升

乾燥酵母 3 公克

芥花油 35 公克

雞蛋 50 公克（1 顆）

葡萄乾 50 公克

蜜漬檸檬皮 15 公克

蜜漬柳橙皮 35 公克

西梅、蔓越莓、胡桃 各 50 公克

辛香料

肉桂粉 5 公克、肉豆蔻粉 2 公克

小豆蔻粉、丁香粉各 1 公克

＊上述辛香料全數添加才能做出道
地風味，但若是不易準備可以只放
肉桂粉。

1 **準備水果乾、胡桃** 葡萄乾、蜜漬檸檬皮、蜜漬柳橙皮、西梅、
蔓越莓放入以水比砂糖十比三調製而成的糖漿中浸泡一天。胡桃
放入烤箱以 160℃烘烤至呈現金黃色後放涼備用。

2 **混合牛奶、雞蛋、酵母** 混合牛奶與雞蛋，將乾燥酵母放入蛋液
中靜置 5 分鐘，酵母開始沉澱時，將酵母與蛋液混合均勻。

3 **混合黑砂糖、食鹽、芥花油** 將黑砂糖和食鹽放入 2 中輕輕混合
後，倒入芥花油一起打發。

4 **混合辛香料、水果乾、胡桃** 將辛香料全數放入 3 中輕輕攪拌後，
放入以糖漿浸泡過的水果乾和烘烤過的胡桃，混合均勻。

5 **混合粉類食材** 將中筋麵粉和全麥麵粉放入 3 中攪拌至看不見麵
粉顆粒為止。

6 **進行發酵** 以保鮮膜包覆攪拌盆後，放在 15 ～ 25℃的室溫環境
下發酵 4 小時或隔夜，直到麵團膨脹至三倍大且表面產生許多氣
泡為止。

＊在 15 ～ 18℃的室溫環境下靜置一夜便可發酵至適當程度，然而夏季氣
溫較高時，將麵糊短暫放在室溫環境靜置後，再放入冰箱冷藏，發酵效果
較好。需要特別留意的是，麵糊若過度發酵，蛋糕的風味會變差。

7 **放入烤箱烘烤** 以刮刀稍微排除麵糊內的氣體後倒入磅蛋糕模具
中，將烤箱溫度降至 180℃後烘烤 25 分鐘。

＊烤箱門開關時溫度會下降，因此先以 200℃預熱再以 180℃烘烤。

黑芝麻豆腐蛋糕

Tofu & black sesame cake

使用豆腐和豆漿製作成口感濕潤的特別蛋糕。以豆漿取代牛奶，風味更是香醇。鑲嵌在蛋糕中的黑芝麻，在口中咀嚼時風味極佳，讓人一口接一口。

200℃ ｜ 25 分鐘 ｜ 份量：1 個 16*7.5*6.5 cm 的磅蛋糕模具

1   2   6   7

食材

中筋麵粉 125 公克

砂糖 30 公克

食鹽 1 公克

豆漿 80 毫升

乾燥酵母 2 公克

豆腐 70 公克

炒香的黑芝麻 3 公克

芥花油 35 公克

雞蛋 50 公克（1 顆）

1 **豆漿和豆腐壓成泥**　豆漿和豆腐拌在一起後，以刮刀壓成泥。

2 **混合黑芝麻、雞蛋**　將黑芝麻放入 1 中混合後，放入雞蛋一起攪拌均勻。

3 **混合酵母**　將乾燥酵母放入 2 中靜置 5 分鐘，酵母開始沉澱時，將酵母與蛋液混合均勻。

4 **混合砂糖、食鹽、芥花油**　將砂糖和食鹽放入 3 中輕輕混合，倒入芥花油一起打發。

5 **混合麵粉**　將中筋麵粉放入 4 中攪拌至看不見麵粉顆粒為止。

6 **進行發酵**　以保鮮膜包覆攪拌盆後，放在 15 ～ 25℃的室溫環境下發酵 4 小時或隔夜，直到麵團膨脹至三倍大且表面產生許多氣泡為止。

＊在 15 ～ 18℃的室溫環境下靜置一夜便可發酵至適當程度，然而夏季氣溫較高時，將麵糊短暫放在室溫環境靜置後，再放入冰箱冷藏，發酵效果較好。需要特別留意的是，麵糊若過度發酵，蛋糕的風味會變差。

7 **放入烤箱烘烤**　以刮刀稍微排除麵糊內的氣體後，倒入磅蛋糕模具中，將黑芝麻撒在麵糊上，再將烤箱溫度降至 180℃後烘烤 25 分鐘。

＊烤箱門開關時溫度會下降，因此先以 200℃預熱再以 180℃烘烤。

橄欖蛋糕

Yeasted olive cake

地中海沿海居民喜愛的橄欖，富含不飽和脂肪酸及多酚，是世界三大長壽食物之一。使用橄欖、羅勒、奧勒岡葉烘烤成香氣四溢的橄欖蛋糕吧！

200℃ │ 25 分鐘 │ 份量：1 個 16*7.5*6.5 cm 的磅蛋糕模具

4　　　　　　　　　　　5　　　　　　　　　　　6

食材

中筋麵粉 125 公克

砂糖 15 公克

食鹽 1 公克

牛奶 100 毫升

乾燥酵母 2 公克

橄欖油 35 公克

黑橄欖 80 公克

義大利綜合香草 1 公克

雞蛋 50 公克（1 顆）

1　**混合牛奶、雞蛋、酵母**　混合牛奶與雞蛋，將乾燥酵母放入蛋液中靜置 5 分鐘，酵母開始沉澱時，將酵母與蛋液混合均勻。

2　**混合砂糖、食鹽、橄欖油**　將砂糖和食鹽放入 1 中輕輕混合後，倒入橄欖油一起打發。

3　**混合麵粉**　將全麥麵粉放入 2 中攪拌至看不見麵粉顆粒為止。

4　**混合橄欖**　先將黑橄欖切片，再和義大利綜合香草一起放入麵糊中輕輕攪拌。

5　**進行發酵**　以保鮮膜包覆攪拌盆後，放在 15 ～ 25℃的室溫環境下發酵 4 小時或隔夜，直到麵團膨脹至三倍大且表面產生許多氣泡為止。

　　＊在 15 ～ 18℃的室溫環境下靜置一夜便可發酵至適當程度，然而夏季氣溫較高時，將麵糊短暫放在室溫環境靜置後，再放入冰箱冷藏，發酵效果較好。需要特別留意的是，麵糊若過度發酵，蛋糕的風味會變差。

6　**放入烤箱烘烤**　以刮刀稍微排除麵糊內的氣體後，倒入磅蛋糕模具中，將黑橄欖片放在麵糊上，再將烤箱溫度降至 180℃後烘烤 25 分鐘。

＋一定要使用黑橄欖嗎？

除了黑橄欖之外，也可以使用綠橄欖或是鯷魚餡橄欖。

甜菜檸檬蛋糕

Beetroot & lemon yeasted cake

以甜菜根作為天然色素而製作的健康蛋糕。麵糊發酵過程中，甜菜的顏色會加深，經過烘烤後會呈現出美麗的紅寶石色彩。額外使用的檸檬則會增添酸甜口感。

200℃ │ 25 分鐘 │ 份量：1 個 16*7.5*6.5 cm 的磅蛋糕模具

1　　　　　　　2　　　　　　　5　　　　　　　6

食材

中筋麵粉 125 公克

砂糖 35 公克

食鹽 1 公克

牛奶 70 毫升

甜菜根 50 公克

乾燥酵母 2 公克

芥花油 35 公克

雞蛋 50 公克（1 顆）

檸檬皮絲（zest）1 小匙

綜合果皮 30 公克

1 **研磨甜菜根、處理檸檬皮**　甜菜和檸檬洗淨後，甜菜根去皮和牛奶一起放入食物處理機中研磨成汁。檸檬皮刨成細絲備用。

2 **混合牛奶、甜菜汁、雞蛋、酵母**　混合牛奶、甜菜汁與雞蛋，將乾燥酵母放入蛋液中靜置 5 分鐘，酵母開始沉澱時，將酵母與蛋液混合均勻。

3 **混合砂糖、食鹽、芥花油**　將砂糖和食鹽放入 2 中輕輕混合後，倒入芥花油一起打發。

4 **混合綜合果皮、檸檬皮絲、麵粉**　將綜合果皮、檸檬皮絲放入 3 後，加入中筋麵粉攪拌至看不見麵粉顆粒為止。

5 **進行發酵**　以保鮮膜包覆攪拌盆後，放在 15 ～ 25℃ 的室溫環境下發酵 4 小時或隔夜，直到麵團膨脹至三倍大且表面產生許多氣泡為止。

＊在 15 ～ 18℃ 的室溫環境下靜置一夜便可發酵至適當程度，然而夏季氣溫較高時，將麵糊短暫放在室溫環境靜置後，再放入冰箱冷藏，發酵效果較好。需要特別留意的是，麵糊若過度發酵，蛋糕的風味會變差。

6 **放入烤箱烘烤**　以刮刀稍微排除麵糊內的氣體後，倒入磅蛋糕模具中，將烤箱溫度降至 180℃ 後烘烤 25 分鐘。

＊烤箱門開關時溫度會下降，因此先以 200℃ 預熱再以 180℃ 烘烤。

咖啡堅果蛋糕

Coffee flavoured nuts cake

隱約散發咖啡香的麵糊和帶有香氣的堅果十分契合。在溫馨的下午茶時光和咖啡一起享用,即是完美的點心組合了。若使用榛果咖啡製作蛋糕,更能凸顯堅果的風味。

1   3   4   5

食材

中筋麵粉 125 公克

砂糖 35 公克

食鹽 1 公克

牛奶 100 毫升

乾燥酵母 2 公克

芥花油 37 公克

雞蛋 50 公克（1 顆）

咖啡粉 4 公克

堅果

杏仁片 30 公克

碎胡桃 30 公克

整顆胡桃 3 顆

1 **混合牛奶、雞蛋、酵母** 牛奶、咖啡粉充分攪拌至沒有結塊。放入雞蛋一起打散後，放入乾燥酵母靜置 5 分鐘，再將酵母與蛋液混合均勻。

2 **混合砂糖、食鹽、芥花油** 將砂糖和食鹽放入 1 中輕輕混合後，倒入芥花油一起打發。

3 **混合杏仁、胡桃** 將杏仁片和碎胡桃放入 2 中輕輕攪拌後，加入中筋麵粉攪拌至看不見麵粉顆粒為止。

4 **進行發酵** 以保鮮膜包覆攪拌盆後，放在 15 ～ 25℃的室溫環境下發酵 4 小時或隔夜，直到麵團膨脹至三倍大且表面產生許多氣泡為止。

＊在 15 ～ 18℃的室溫環境下靜置一夜便可發酵至適當程度，然而夏季氣溫較高時，將麵糊短暫放在室溫環境靜置後，再放入冰箱冷藏，發酵效果較好。需要特別留意的是，麵糊若過度發酵，蛋糕的風味會變差。

5 **放入烤箱烘烤** 以刮刀稍微排除麵糊內的氣體後倒入磅蛋糕模具中，放上杏仁片和胡桃，將烤箱溫度降至 180℃並烘烤 25 分鐘。

＊烤箱門開關時溫度會下降，因此先以 200℃預熱再以 180℃烘烤。

藍莓蛋糕

Yeasted blueberry cake

藍莓富含天然抗氧化劑「花青素」，只須在基本麵糊中混合藍莓一起烘烤，製作方法簡便，又帶有淡淡的藍莓香，風味一絕。撒上酥菠蘿後，就連外型也兼顧到了。

200℃ | 25 分鐘 | 份量：1 個 16*7.5*6.5 cm 的磅蛋糕模具

1

5

6-1

6-2

食材

中筋麵粉 125 公克

砂糖 37 公克

食鹽 1 公克

牛奶 100 毫升

乾燥酵母 2 公克

芥花油 37 公克

雞蛋 50 公克（1 顆）

冷凍藍莓 50 公克

酥菠蘿

中筋麵粉 110 公克

砂糖 50 公克

奶油 45 公克

榛果泥 10 公克

蜂蜜 9 公克

鮮奶油 10 公克

1 **製作酥菠蘿** 將製作酥菠蘿用的中筋麵粉過篩後備用。再將鮮奶油以外的其他食材全放入攪拌盆中，接著慢慢加入鮮奶油打發。最後放入中筋麵粉，以切拌的方式將食材攪拌成顆粒狀。

2 **混合牛奶、雞蛋、酵母** 牛奶與雞蛋放入攪拌盆中以刮刀打散後，將乾燥酵母放入蛋液中靜置 5 分鐘後，混合均勻。

3 **混合砂糖、食鹽、芥花油** 將砂糖和食鹽放入 2 中輕輕混合後，倒入芥花油一起打發。

4 **混合麵粉** 將中筋麵粉放入 3 中攪拌至看不見麵粉顆粒為止。

5 **進行發酵** 以保鮮膜包覆攪拌盆，放在 15 ～ 25℃的室溫下發酵 4 小時或隔夜，直到麵團膨脹至三倍大且表面產生許多氣泡為止。

＊在 15 ～ 18℃的室溫環境下靜置一夜便可發酵至適當程度，然而夏季氣溫較高時，將麵糊短暫放在室溫環境靜置後，再放入冰箱冷藏，發酵效果較好。需要特別留意的是，麵糊若過度發酵，蛋糕的風味會變差。

6 **放入烤箱烘烤** 將冷凍藍莓放入麵糊中輕輕攪拌。攪拌完成的麵糊倒入磅蛋糕模具中，撒上酥菠蘿，再將烤箱溫度降至 180℃並烘烤 25 分鐘。

＊烤箱門開關時溫度會下降，因此先以 200℃預熱再以 180℃烘烤。

＋為什麼要等到麵糊發酵結束後才放入藍莓？

這是因為藍莓本身水分含量高，發酵過程中多餘的水分會稀釋麵糊。所以等麵糊發酵結束後，再放入藍莓稍微攪拌，才能烤出酸甜風味。

柚子罌粟籽蛋糕

Yuzu cake with poppy seeds

柚子的清香和罌粟籽在口中彈跳的口感十分契合。添加柚子茶可以去除雞蛋的腥味和麵粉的雜味，是一款清爽酸甜的蛋糕。

3　　　　　　　　　　　**4**　　　　　　　　　　　**5**

食材

中筋麵粉 125 公克

柚子茶（柚子蜜）40 公克

食鹽 1 公克

牛奶 100 毫升

乾燥酵母 2 公克

芥花油 37 公克

雞蛋 50 公克（1 顆）

罌粟籽 少量（非必要食材）

1　**混合牛奶、雞蛋、酵母**　混合牛奶與雞蛋，將乾燥酵母放入蛋液中靜置5 分鐘，酵母開始沉澱時，將酵母與蛋液混合均勻。

2　**混合柚子茶、食鹽、芥花油**　將柚子茶和食鹽放入 1 中輕輕混合後，倒入芥花油一起打發。

3　**混合罌粟籽、麵粉**　將罌粟籽放入 2 中稍微攪拌後，加入中筋麵粉攪拌至看不見麵粉顆粒為止。

4　**進行發酵**　以保鮮膜包覆攪拌盆後，放在 15 ～ 25℃的室溫環境下發酵 4小時或隔夜，直到麵團膨脹至三倍大且表面產生許多氣泡為止。

　＊在 15 ～ 18℃的室溫環境下靜置一夜便可發酵至適當程度，然而夏季氣溫較高時，將麵糊短暫放在室溫環境靜置後，再放入冰箱冷藏，發酵效果較好。需要特別留意的是，麵糊若過度發酵，蛋糕的風味會變差。

5　**放入烤箱烘烤**　以刮刀稍微排除麵糊內的氣體後，倒入磅蛋糕模具中，將烤箱溫度降至 180℃再烘烤 25 分鐘。

　＊烤箱門開關時溫度會下降，因此先以 200℃預熱再以 180℃烘烤。

西梅豆漿蛋糕

Soy milk cake with dried prune

這是為了無法消化牛奶的人，改用豆漿取代牛奶而製作的蛋糕。添加富含纖維質的西梅，同時能兼顧健康。西梅的口感較其他水果乾柔軟，可以直接使用在麵糊中。

2　　　　3　　　　4　　　　5

食材

中筋麵粉 125 公克

砂糖 35 公克

食鹽 1 公克

豆漿 100 毫升

乾燥酵母 2 公克

芥花油 37 公克

雞蛋 50 公克（1 顆）

西梅 70 公克

1 **混合豆漿、雞蛋、酵母** 混合豆漿與雞蛋，將乾燥酵母放入蛋液中靜置 5 分鐘，酵母開始沉澱時，將酵母與蛋液混合均勻。

2 **混合砂糖、食鹽、芥花油、西梅** 將砂糖和食鹽放入 1 中輕輕混合後，放入西梅並倒入芥花油一起打發。

3 **混合麵粉** 將中筋麵粉放入 2 中輕輕攪拌至看不見麵粉顆粒為止。

4 **進行發酵** 以保鮮膜包覆攪拌盆後，放在 15 ～ 25℃的室溫環境下發酵 4 小時或隔夜，直到麵團膨脹至三倍大且表面產生許多氣泡為止。

＊在 15 ～ 18℃的室溫環境下靜置一夜便可發酵至適當程度，然而夏季氣溫較高時，將麵糊短暫放在室溫環境靜置後，再放入冰箱冷藏，發酵效果較好。需要特別留意的是，麵糊若過度發酵，蛋糕的風味會變差。

5 **放入烤箱烘烤** 以刮刀稍微排除麵糊內的氣體後，倒入磅蛋糕模具中，放上西梅裝飾，將烤箱溫度降至 180℃並烘烤 25 分鐘。

＊烤箱門開關時溫度會下降，因此先以 200℃預熱再以 180℃烘烤。

香橙黑麥蛋糕

Rye cake with orange

粗獷的黑麥遇上清香的柳橙，口感叫人驚喜。黑麥的粗糙和獨特的穀物氣味總讓人覺得不適合製作蛋糕，但加上淡淡的柳橙香氣反成就出一款清新的蛋糕。

4   5   6

食材

中筋麵粉 90 公克

黑麥麵粉 35 公克

砂糖 30 公克

食鹽 1 公克

柳橙汁 50 毫升

牛奶 50 毫升

乾燥酵母 2 公克

芥花油 37 公克

雞蛋 50 公克（1 顆）

柳橙 1 顆

1 **混合牛奶、雞蛋、酵母**　混合牛奶、柳橙汁與雞蛋，將乾燥酵母放入蛋液中靜置 5 分鐘，酵母開始沉澱時，將酵母與蛋液混合均勻。

2 **混合砂糖、食鹽、芥花油**　將砂糖和食鹽放入 1 中輕輕混合後，倒入芥花油一起打發。

3 **混合粉類食材**　將黑麥麵粉和中筋麵粉放入 2 中攪拌至看不見麵粉顆粒為止。

4 **混合柳橙皮絲**　柳橙洗淨後，將柳橙皮的部分以刨絲器刨成細絲，再放入麵糊混合均勻。

5 **進行發酵**　以保鮮膜包覆攪拌盆後，放在 15 ～ 25℃ 的室溫環境下發酵 4 小時或隔夜，直到麵團膨脹至三倍大且表面產生許多氣泡為止。

　＊在 15 ～ 18℃ 的室溫環境下靜置一夜便可發酵至適當程度，然而夏季氣溫較高時，將麵糊短暫放在室溫環境靜置，再放入冰箱冷藏，發酵效果較好。需要特別留意的是，麵糊若過度發酵，蛋糕的風味會變差。

6 **放入烤箱烘烤**　以刮刀稍微排除麵糊內的氣體後，倒入磅蛋糕模具中，放上柳橙片裝飾，將烤箱溫度降至 180℃ 並烘烤 25 分鐘。

　＊烤箱門開關時溫度會下降，因此先以 200℃ 預熱再以 180℃ 烘烤。

木薯蛋糕

Kuih bingka ubi

對麵粉過敏的話，就試試看不用麵粉製作的木薯蛋糕吧！這款蛋糕擁有年糕一樣的Q彈口感，加上椰奶的甘甜，讓人一吃就停不下來。

200℃ | 40 分鐘 | 份量：1 個 16*7.5*6.5 cm 的磅蛋糕模具

1

2

3

4

食材

冷凍木薯 454 公克

雞蛋 50 公克（1 顆）

砂糖 120 公克

椰奶 200 公克

煉乳 50 公克

香草精 1/2 小匙

1 **研磨木薯** 冷凍木薯放在室溫下完全退冰後，用研磨器磨成泥。

2 **混合雞蛋、砂糖** 雞蛋放入攪拌盆中打散後，放入砂糖以打蛋器慢慢攪打。

3 **混合液體食材** 將椰奶、香草精、煉乳放入 2 中混合均勻。

4 **混合木薯** 將木薯泥放入 3 中攪拌均勻後，倒入磅蛋糕模具中至八分滿。

5 **放入烤箱烘烤** 將烤箱溫度降至 180℃後烘烤 40 分鐘。

＊烤箱門開關時溫度會下降，因此先以 200℃預熱再以 180℃烘烤。

chapter 4

發酵餅乾

發酵餅乾的製作入門

不用泡打粉、改用酵母製作的餅乾，獨特的口感是其優點。本單元介紹的食譜不使用奶油，減少大眾對飽和脂肪酸的憂慮。從小孩喜歡的巧克力碎片餅乾到綠茶果仁蜜餅，都試著用酵母取代泡打粉製作看看吧！

> *Steps*　將麵粉裹上食用油→混合液體食材→酵母放入液體中溶解→混合裹上芥花油的麵粉和液體食材→靜置麵團→塑形→烘烤

準備道具：攪拌盆、磅秤、矽膠刮刀、打蛋器、烤箱、烤盤

────── *step 1* ──────

混合粉類材料、芥花油

1　均勻混合粉類食材和芥花油。製作餅乾時一般會使用低筋麵粉，油脂方面則會使用奶油。使用奶油製作的餅乾需要將奶油乳化後和麵粉混合，但是本書的食譜則使用植物性油脂取代奶油。使用植物性油脂製作餅乾時，可分為事後再放，或事先與液體食材混合好再加進去的方法，不過混合液體食材之前先攪拌麵粉與油脂，麩質蛋白不易形成，更能表現餅乾的香酥口感。

1-1

1-2

Tip 1. 可以使用中筋麵粉取代低筋麵粉嗎？

麵粉大致分為低筋、中筋和高筋麵粉三種，視烘焙品的種類來決定使用何種麵粉，你也可以混合使用不同麵粉。發酵蛋糕為了要使麵團順利膨脹及表現較為綿密的口感，所以使用中筋麵粉；而發酵餅乾為了要表現酥脆的口感，使用了低筋麵粉。若想要更香酥，可以在低筋麵粉中混合澱粉或米粉。

────── *step 2* ──────

混合液體食材

2　將雞蛋放在另一個攪拌盆中打散後放入砂糖和食鹽攪拌均勻。

2

Tip 2. 添加鮮奶油或煉乳增添風味

添加鮮奶油或煉乳做出香濃豐富的味道。可以視個人喜好調整食譜，加入10～30公克左右的鮮奶油或煉乳，也可以添加10～15公克的奶粉。

混合酵母

3 將酵母放入 2 中靜置，酵母開始沉澱時，使用刮刀均勻攪拌至沒有粉塊殘留為止。

Tip 3. 盡快攪拌，餅乾才不會變硬

混合油脂、麵粉和液體食材時，儘快攪拌均勻是製作時的重點。這個階段要留意，使用刮刀攪拌太久會使麵粉產生麩質蛋白進而導致餅乾變硬。

混合裹上芥花油的麵粉和液體食材

4 將步驟 1 裹上芥花油的麵粉放入液體食材中攪拌均勻。一面旋轉攪拌盆一面立起刮刀的刀刃，以切拌的方式均勻混合液體食材和裹上芥花油的麵粉。

Tip 4. 放入巧克力碎片或其他副食材一起攪拌

這個階段可放入巧克力碎片或其他副食材一起攪拌均勻。活用葡萄乾、蔓越莓、核桃等各種副食材。

熟成

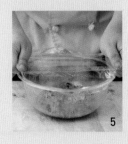

5 以保鮮膜包覆麵團並放入冰箱中熟成 3 小時或隔夜。雖然熟成時間愈久、麵團發酵程度愈活躍、風味就愈好，但也要注意避免過度發酵。

放入烤箱烘烤

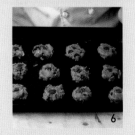

6 取出熟成的麵團並整齊放在烤盤上。以 180℃預熱烤箱烤 15 分鐘。

胡桃比斯考提

Pecan biscotti

義大利文「Biscotti」的意思就是烘烤兩次。經過兩次烘烤，口感變得更加酥脆。胡桃比斯考提不使用泡打粉而改用酵母製作而成，微微的發酵香氣是其特徵。

2　　　　　　　　4　　　　　　　　5　　　　　　　　6

食材

低筋麵粉 100 公克

黃砂糖 50 公克

胡桃 30 公克

雞蛋 1 顆

牛奶 15 毫升

乾燥酵母 2 公克

1　**麵粉過篩**　低筋麵粉過篩後備用。

2　**混合雞蛋、砂糖**　雞蛋打散後，放入砂糖以打蛋器攪拌均勻。

3　**酵母放入牛奶中混合**　將牛奶倒入另一個攪拌盆，稍微加熱至溫熱後，放入酵母溶解並和 2 混合均勻。

4　**混合麵粉、胡桃**　將低筋麵粉及胡桃放入 3 中輕輕攪拌至看不見麵粉顆粒為止。

5　**進行發酵**　將麵團放在烤盤上捏整成稍長的扁平長方形狀，以保鮮膜包覆烤盤後，放在 25℃的環境下發酵兩小時左右。

6　**放入烤箱烘烤**　將烤盤放入以 180℃預熱的烤箱中烘烤 20 分鐘後冷卻，將麵團切成 1 公分厚度再次放上烤盤。

7　**二次烘烤**　將烤箱溫度降至 160℃後再次烘烤 15 分鐘。

黑麥堅果餅乾

Cranberry & pecan rye cookies

使用黑麥增添厚實口感，愈咀嚼愈能感受到麥香，是一款充滿魅力的餅乾。請試著以芥花油和酵母取代奶油和泡打粉，烤出別具風味的餅乾吧！

180℃ | 15 ～ 18 分鐘 | 份量：15 個

1   2   4   5

食材

低筋麵粉 150 公克

黑麥麵粉 50 公克

胡桃 70 公克

蔓越莓 70 公克

砂糖 90 公克

雞蛋 1 顆

芥花油 85 公克

食鹽 1 公克

乾燥酵母 2 公克

1 **混合粉類食材、芥花油** 將黑麥麵粉、低筋麵粉和芥花油攪拌均勻。

＊先讓麵粉與油攪拌在一起，裹上一層油脂的麵粉便不易與其他液體混合，比較不易形成麩質蛋白。

2 **混合雞蛋、酵母、砂糖、食鹽** 雞蛋放在另一個攪拌盆中打散後，放入砂糖和食鹽。砂糖和食鹽溶解後，放入酵母靜置 1 分鐘，酵母開始沉澱時，以刮刀攪拌均勻。完成後倒入 1 中以切拌的方式輕輕攪拌。

3 **混合胡桃、蔓越莓** 將胡桃和蔓越莓放入 2 中攪拌均勻。

4 **熟成** 以保鮮膜包覆攪拌盆並放在冰箱中熟成 3 小時或隔夜左右。

＊熟成時間愈久，麵團發酵程度愈活躍，風味就愈好。

5 **放入烤箱烘烤** 將熟成後的麵團切割成每份 35 公克的小麵團並揉圓，整齊放在烤盤上。用手稍微壓扁麵團後放上胡桃，將烤盤放入以 180℃預熱的烤箱中烘烤 15 ～ 18 分鐘。

伯爵茶餅乾

Earl grey tea cookies

在麵團中添加伯爵紅茶，隱約散發出紅茶香氣。雖然直接吃也相當美味，但以紅茶浸潤後在口中化開的口感更是無可比擬。

1　　　　　　3　　　　　　4　　　　　　6

食材

低筋麵粉 200 公克

砂糖 100 公克

雞蛋 1 顆

芥花油 85 公克

食鹽 1 公克

乾燥酵母 1 公克

伯爵紅茶粉 2 公克

蔓越莓 20 粒

1　**混合粉類食材、芥花油**　將低筋麵粉和芥花油攪拌均勻。

＊先讓麵粉與油攪拌在一起，裹上一層油脂的麵粉便不易與其他液體混合，比較不易形成麩質蛋白。

2　**混合雞蛋、紅茶粉**　雞蛋放在另一個攪拌盆中打散，加入紅茶粉攪拌。

3　**混合酵母、砂糖、食鹽**　將砂糖和食鹽放入 2 中，溶解後放入酵母攪拌均勻。

4　**製作麵團**　將 3 倒入 1 中，使用刮刀以切拌的方式快速攪拌均勻。

5　**熟成**　以保鮮膜包覆攪拌盆並放在冰箱中熟成 3 小時或隔夜。

＊熟成時間愈久，麵團發酵程度愈活躍，風味就愈好。

6　**放入烤箱烘烤**　將熟成後的麵團切割成每份 20 公克的小麵團並揉圓，整齊放在烤盤上，再用手稍微壓扁麵團放上蔓越莓。將烤盤放入以 180°C 預熱的烤箱中烘烤 15 分鐘。

檸檬餅乾

Lemon cookies

添加檸檬皮絲來增添清爽的口感,跟高級烘焙坊販售的檸檬餅乾比較也毫不遜色。也可以使用柳橙皮絲或是柚子茶取代檸檬皮絲。

2　　　　　　3　　　　　　4　　　　　　6

食材

低筋麵粉 200 公克

檸檬 1/2 顆

黃砂糖 95 公克

雞蛋 1 顆

芥花油 85 公克

檸檬汁 1 大匙

食鹽 1 公克

乾燥酵母 1 公克

1 **混合粉類食材、芥花油**　將低筋麵粉和芥花油攪拌均勻。

＊先讓麵粉與油攪拌在一起，裹上一層油脂的麵粉便不易與其他液體混合，比較不易形成麩質蛋白。

2 **混合雞蛋、砂糖、食鹽、酵母**　雞蛋放在另一個攪拌盆中打散後，放入砂糖和食鹽。完全溶解後，放入酵母靜置，酵母開始沉澱時攪拌均勻。

3 **檸檬刨絲後放入**　檸檬皮以刨絲器刨成細絲後放入 2 中，倒入檸檬汁混合均勻。

＊檸檬皮刨絲時，只取檸檬皮黃色的果皮，白色的部份會使餅乾帶有苦味。

4 **製作麵團**　將 3 倒入 1 中使用刮刀儘快將食材攪拌均勻。

5 **熟成**　以保鮮膜包覆攪拌盆並放在冰箱中熟成 3 小時或隔夜。

＊熟成時間愈久，麵團發酵程度愈活躍，風味就愈好。

6 **放入烤箱烘烤**　將熟成後的麵團切割成每份 15 公克的小麵團並揉圓，整齊放在烤盤上，再使用叉子在麵團中央壓出花樣。將烤盤放入以 180℃ 預熱的烤箱中烘烤 15 分鐘。

巧克力碎片餅乾

Chocolate chip cookies

在使用植物性油脂取代奶油的爽口麵團中，放入滿滿的巧克力碎片。香甜的巧克力碎片咯吱咯吱在口中咀嚼的口感，是小朋友的最愛。

1 3 4 6

食材

低筋麵粉 180 公克

巧克力碎片 100 公克

黃砂糖 95 公克

鮮奶油 15 公克

香草豆莢 1/5 個

雞蛋 1 顆

芥花油 85 公克

食鹽 1 公克

乾燥酵母 1 公克

1 **混合粉類食材、芥花油** 將低筋麵粉和芥花油攪拌均勻。

＊先讓麵粉與油攪拌在一起，裹上一層油脂，麵粉便不易與其他液體混合，比較不易形成麩質蛋白。

2 **混合雞蛋、鮮奶油、香草豆莢** 雞蛋和鮮奶油放在另一個攪拌盆中打散後，放入從香草豆莢上刮下的香草籽攪拌均勻。

3 **混合酵母** 將砂糖和食鹽放入 2 中，溶解後放入酵母靜置，酵母開始沉澱時攪拌均勻。

4 **混合巧克力碎片** 將 3 倒入 1 中，立起刮刀的刀刃，以切拌的方式快速攪拌，再放入巧克力碎片混合均勻。

5 **熟成** 以保鮮膜包覆攪拌盆並放在冰箱中熟成 3 小時或隔夜。

＊熟成時間愈久，麵團發酵程度愈活躍，風味就愈好。

6 **放入烤箱烘烤** 將熟成後的麵團，以湯匙挖成每份 20 公克的小麵團並整齊放在烤盤上。將烤盤放入以 180℃ 預熱的烤箱中烘烤 15 分鐘。

綠茶果仁蜜餅

Green tea Ma'amoul

使用阿拉伯國家常見的椰棗製作而成的阿拉伯式果仁蜜餅,以綠茶增添顏色。富含膳食纖維的椰棗遇上綠茶,成了一款營養豐富的餅乾。

1-1

1-2

6-1

6-2

食材

低筋麵粉 160 公克

粗粒小麥粉* 20 公克

砂糖 90 公克

芥花油 85 公克

雞蛋 50 公克（1 顆）

食鹽 1 公克

乾燥酵母 1 公克

綠茶粉 5 公克

內餡

椰棗 80 公克

奶油 20 公克

砂糖 15 公克

杏仁片 30 公克

＊建議使用製作義大利麵的
杜蘭小麥麵粉。可在進口食
品行中購得。

1　**製作內餡**　椰棗去籽後放入蒸籠蒸煮 10 分鐘。蒸煮好的椰棗與奶油、砂糖、杏仁片混合均勻後，分成每份 5 公克的餡料。

2　**混合粉類食材、芥花油**　將低筋麵粉、粗粒小麥粉、綠茶粉混合後，倒入芥花油均勻攪拌至粉類食材充分吸收油脂。

＊先讓麵粉與油攪拌在一起，裹上一層油脂的麵粉便不易與其他液體混合，比較不易形成麩質蛋白。

3　**混合雞蛋、酵母、砂糖、食鹽**　雞蛋放在另一個攪拌盆中打散後，放入砂糖和食鹽。溶解後放入酵母靜置，酵母開始沉澱時攪拌均勻。

4　**製作麵團**　將 3 倒入 2 中，立起刮刀的刀刃，以切拌的方式快速攪拌至粉類食材混合均勻。

5　**熟成**　以保鮮膜包覆攪拌盆並放在冰箱中熟成 3 小時或隔夜。

＊熟成時間愈久，麵團發酵程度愈活躍，風味就愈好。

6　**塑形**　熟成後的麵團切割成每份 10 公克的小麵團，麵團揉圓後壓扁。餡料放在麵團中央，將麵團收口包起餡料後放入模具中塑形。

7　**放入烤箱烘烤**　將麵團整齊放在烤盤上，並放入以 180℃ 預熱的烤箱中烘烤 10 ～ 15 分鐘。

杏仁瓦片

Almond Tuiles

製作烘焙品卻剩下太多蛋白時，放入杏仁做成瓦片就能變身為高級餅乾。此款餅乾不添加過多油脂，口味清爽。也可以使用椰絲或芝麻取代杏仁。

1   3   4   5

食材

蛋白 40 公克

砂糖 50 公克

低筋麵粉 15 公克

杏仁片 65 公克

芥花油 10 公克

香草精 5 滴

1 **混合蛋白、砂糖、香草精**   使用打蛋器將蛋白稍微打散後，放入砂糖和香草精攪拌。

2 **混合麵粉**   低筋麵粉過篩後，放入 1 中以打蛋器輕輕攪拌，注意麵粉不要結塊。

3 **混合芥花油、杏仁**   放入芥花油輕輕攪拌後，再放入杏仁片均勻攪拌，靜置 3 小時。

4 **放上烤盤**   將麵團以大湯匙一匙一匙舀上烤盤後，鋪平成圓形薄片。

5 **放入烤箱烘烤**   將烤盤放入以 180℃ 預熱的烤箱中烘烤 10 ～ 12 分鐘至邊緣呈金黃色為止。將瓦片餅乾從烤盤上取下，並捲在擀麵棍上冷卻。

＊鋪平麵糊時，盡可能鋪成薄片，這是做出酥脆口感的重點。將餅乾放上**擀麵棍**塑形時，趁著餅乾剛出爐又熱又軟的時候趕緊用好，才不會讓餅乾破碎並順利做出造型。

三劃

小餐包・26

土司・62

土耳其麵包・94

小麥草柿餅麵包・126

四劃

天然酵母・16

火腿蔬菜蛋糕・142

比斯考提・176

木薯蛋糕・170

瓦片・188

五劃

石板・19

巧巴達・116, 120

巧克力麵包・122

巧克力碎片餅乾・184

六劃

各種天氣的酵母使用方法・27

肉桂卷・42

全麥酥菠蘿麵包・52

如何烤出好吃的土司・65

地瓜蜂蜜奶油麵包・96

全麥麵包・106

百分之百全麥麵包・106

艾草紅豆奶油麵包・116

地瓜蛋糕・144

全麥蛋糕・150

西梅豆漿蛋糕・166

七劃

免揉麵包・10

折疊麵團・12

佛卡夏・92

豆腐蛋糕・154

豆漿蛋糕・166

伯爵茶餅乾・180

杏仁瓦片・188

八劃

使用平底鍋烤麵包的注意事項・33

紅茶蘋果麵包・34

紅豆綠茶土司・66

乳酪土司・68

法國長棍麵包・84

法國鄉村麵包・102

果乾堅果長棍麵包・104

紅豆奶油・116

紅豆綠茶蛋糕・140

果乾蛋糕・152

咖啡堅果蛋糕・160

果仁蜜餅・186

九劃

挑選烤箱・18

香腸麵包・31

柚子奶油乳酪麵包・46

香橙巧克力麵包・60

南瓜麵包・88

柿乾麵包・126

香蕉核桃蛋糕・136

胡蘿蔔蛋糕・138

柚子罌粟籽蛋糕・164

香橙黑麥蛋糕・168

胡桃比斯考提・176

十劃
麻糬麵包・48
核桃蔓越莓麵包・112
原味發酵蛋糕・134
核桃香蕉蛋糕・136

十一劃
基本麵包・22
健康麵包・76
甜菜檸檬蛋糕・158
堅果蛋糕・160

十二劃
黑麥麵包・80, 109
番茄鮮菇佛卡夏・92
鄉村麵包・100, 102
無花果黑麥麵包・109
菠菜麵包・124
無花果全麥蛋糕・150
黑芝麻豆腐蛋糕・154
黑麥蛋糕・168
黑麥堅果餅乾・178

十三劃
煉乳奶油麵包・28
椰香香蘭烤餅・58
義大利綜合香草・93
蜂蜜奶油麵包・96
葡萄乾法國鄉村麵包・100
椰香蔓越莓蛋糕・148

十四劃
製作紅豆餡・41
製作手工麻糬・51

製作酥菠蘿・53
維也納奶油麵包・54
製作麵包的一日行程・111
綠茶紅豆蛋糕・140
綠茶蛋糕・140
綠茶果仁蜜餅・186

十五劃
蔓越莓核桃麵包・112
蔬菜蛋糕・142
蔓越莓椰香蛋糕・148

十六劃
橄欖巧巴達・120
橄欖蛋糕・156

十七劃
鮮奶油紅豆麵包・38
營養黑豆麵包・72

十八劃
雜糧麵包・114
檸檬餅乾・182
藍莓蛋糕・162

二十劃
麵種・14
蘋果酵母・16
蘋果蛋糕・146
罌粟籽蛋糕・164

二十四劃
鹽花卷・70

【Gooday】MG0022

高上振免揉麵包教室

只要掌握攪拌、折疊、發酵三步驟，在家也能輕鬆做出健康美味麵包

무빈죽 원 볼 베이킹 : 바쁜 사람도 , 초보자도 누구나 쉽게 만든다

作　　　者	高上振（고상진）
譯　　　者	樊姍姍
封 面 設 計	走路花工作室
版 面 編 排	走路花工作室
總 編 輯	郭寶秀
責 任 編 輯	力宏勳
行 銷 業 務	李怡萱

發 行 人　涂玉雲
出　　版　馬可孛羅文化
　　　　　台北市民生東路二段 141 號 5 樓
　　　　　電話：02—25007696
發　　行　英屬蓋曼群島商家庭傳媒股份有限公司城邦分公司
　　　　　台北市中山區民生東路 141 號 11 樓
　　　　　客服專線：02—25007718；25007719
　　　　　24 小時傳真專線：02—25001990；25001991
　　　　　服務時間：週一至週五上午 09:00—12:00；下午 13:00—17:00
　　　　　劃撥帳號：19863813 戶名：書虫股份有限公司
　　　　　讀者服務信箱：service@readingclub.com.tw
香港發行所　城邦（香港）出版集團有限公司
　　　　　香港灣仔駱克道 193 號東超商業中心 1 樓
　　　　　電話：852—25086231 或 25086217　傳真：852—25789337
　　　　　電子信箱：hkcite@biznetvigator.com
新馬發行所　城邦（新、馬）出版集團
　　　　　Cite（M）Sdn. Bhd.（458372U）
　　　　　41, Jalan Radin Anum, Bandar Baru Sri Petaling,
　　　　　57000 Kuala Lumpur, Malaysia.
　　　　　電話：603—90578822　傳真：603—90576622
　　　　　電子信箱：services@cite.com.my
輸出印刷　中原造像股份有限公司
初 版 一 刷　2017 年 12 月
定　　價　520 元（如有缺頁或破損請寄回更換）

國家圖書館出版品預行編目 (CIP) 資料

高上振免揉麵包教室：只要掌握攪拌、折疊、發酵三步驟，在家也能輕鬆做出健康美味麵包 / 高上振著；樊姍姍譯 . -- 初版 . -- 臺北市：馬可孛羅文化出版：家庭傳媒城邦分公司發行 , 2017.12
　　面；　公分 . -- (Gooday；MG0022)
ISBN 978-986-95515-4-0(平裝)

1. 點心食譜 2. 麵包

427.16　　　　　　　　　106021548

무반죽 원 볼 베이킹 : 바쁜 사람도 , 초보자도 누구나 쉽게 만든다
Copyright © 2016 by Koh Sangjin（고상진）
All rights reserved.
Chinese complex translation copyright © Divisions of Cité Publishing Group MARCO POLO Press, 2017
Published by arrangement with LEESCOM Publishing Group
through LEE's Literary Agency

ISBN 978-986-95515-4-0